# 动物细胞
## 培养技术

Animal Cell
Culture
Technology

史利军 李英俊 孙立旦 主编

化学工业出版社

·北京·

# 内 容 简 介

本书详细介绍了动物细胞培养技术中培养液与培养基、培养设备设施、原代细胞培养技术、细胞建系和传代培养技术、动物细胞的冻存和复苏及污染检测、细胞融合与单克隆抗体技术等内容。本书以动物细胞培养工作流程为导向，以学生综合能力培养为本位，以实践性、应用性为特色，将实验准备、细胞培养、细胞研究融为一体，充分体现技能培养的特色。

本书可作为生物技术、生物制药、动物医学、动物科学以及医学类本科生、专科生实验时的参考教材，同时也可作为组织与细胞培养相关领域研究人员的指导资料。

**图书在版编目（CIP）数据**

动物细胞培养技术/史利军，李英俊，孙立旦主编.
—北京：化学工业出版社，2020.12（2024.10重印）
ISBN 978-7-122-38016-6

Ⅰ.①动… Ⅱ.①史… ②李… ③孙… Ⅲ.①动物-
细胞培养-高等学校-教材 Ⅳ.①Q954.6

中国版本图书馆CIP数据核字（2020）第232657号

责任编辑：邵桂林　　　　　　　　装帧设计：史利平
责任校对：刘　颖

出版发行：化学工业出版社（北京市东城区青年湖南街13号
　　　　　邮政编码100011）
印　　装：北京科印技术咨询服务有限公司数码印刷分部
850mm×1168mm　1/32　印张8½　字数179千字
2024年10月北京第1版第7次印刷

购书咨询：010-64518888　　　　　售后服务：010-64518899
网　　址：http://www.cip.com.cn
凡购买本书，如有缺损质量问题，本社销售中心负责调换。

定　　价：45.00元　　　　　　　　　版权所有　违者必究

# 编写人员名单

主　编　史利军　李英俊　孙立旦

副主编　包世俊　刘　锴　金红岩

**编写人员**（按姓氏笔画排序）

王绍雄　王俊书　王鹏杰　尹惠琼
白洪旭　刘　美　吕彦锋　杨飞霞
李淑英　张　迪　张广智　张志慧
张朋辉　金红岩　秦　彤　袁维峰
顾庆云　梁丽娜　徐进强　崔一龙
崔尚金

主　审　方厚华　张亚兰

# 前　言

----

　　组织细胞培养技术是现代生物技术的重要组成部分，已成为从事生命科学相关研究工作必备的一项基本技能。组织细胞培养技术是从动物体或人体内取出细胞或者组织，通过分散处理，模拟体内生理环境，在无菌、适温和丰富的营养条件下，让其在体外的培养瓶、培养基或大规模细胞培养反应器中继续生长和增殖的一门技术。

　　本书的编写目的是通过以动物细胞培养工作流程为导向，以综合能力培养为本位，以实践性、应用性为特色，将实验准备、细胞培养、细胞研究融为一体，充分体现技能培养的特色，为今后从事细胞培养相关的工作打下扎实的实验基础。本书可作为从事生物技术、生物制药、医疗器械生物学评价、动物医学、动物科学实验人员以及医学类本科生、专科生实验时的参考教材，同时也可作为组织与细胞培养相关领域研究人员的参考用书。

　　参加本书编写的人员来自以下单位：中国农业科学院北京畜牧兽医研究所（史利军、崔尚金、袁维峰、秦彤、张广智），北京通和立泰生物科技有限公司（李英俊、孙立旦、吕彦锋、刘美、杨飞霞、张朋辉、张志慧、张迪、王绍雄、王鹏杰、梁丽娜、白洪旭），甘肃农业大学（包世俊），内蒙古民族大学（刘锴、崔一龙），西藏职业技术学院（金红岩、顾庆云、王俊书、徐进强），中国农业科学院农产品加工研究所（李淑英），军事医学研究院卫生勤务与血液研究所（尹惠琼）。

　　本书编写过程中得到了军事医学研究院万厚华教授和北京城市学院张亚兰教授的悉心指导，提出了诚恳的修改意见并审定了全书，在此表示诚挚的谢意。

　　本书出版得到了北京市科技计划课题"医疗器械研发与一致性评价公共服务平台（Z191100005619015）"，中关村国家自主创新示范区高精尖产业协同创新平台建设项目"医疗器械动物实验科技平台”，国家重点研发计划“宠物病毒性传染病新型生物治疗制剂研究与产品创制（2016YFD0501000）”经费的资助。

由于水平有限，书中难免有不足及不妥之处，恳请读者不吝指正。

编者
2020 年 8 月

# 目 录

第三章

**培养用设施与设备处理**

## 第四章

083

### 原代细胞培养技术

## 第六章

### 动物细胞的冻存、复苏及污染检测

## 第七章

### 细胞融合与单克隆抗体技术

# 附录

**224**

# 参考文献

# 第一章

## 绪论

　　细胞是构成机体的基本单位，是生命活动的基本单位。一切有机体（除病毒）都是由细胞组成的。细胞具有独立的、有序的自控代谢体系。因此，对细胞的深入研究是揭开生命奥秘、征服疾病的关键。细胞培养技术是对细胞深入研究的基础，细胞培养技术是指将采集于体内组织的细胞模拟体内生长环境，放置在无菌、一定营养条件、适宜的温度及酸碱度下，使其生长、繁殖，并维持其结构和功能的一种技术。

## 第一节　动物细胞培养发展简史

　　所谓动物细胞培养是指离散的动物活细胞在体外人工条件下的生长、增殖过程。在此过程中，细胞不再形成组织。

　　动物细胞培养最早可追溯到 19 世纪末，据可考证的资料记载，Welhelm Roux 是第一个进行动物组织培养实验的人，他于 1885 年将鸡胚髓板放置于温热盐水中使之维持存活了数天。随后，Arnold、Jolly、Beebe 和 Ewing 也用类似的方法，分别用不同的试验材料，将收集到的白细胞或淋巴肉瘤细胞进行了培养。这些培养都和 Welhelm 一样，只能维持离体细胞的短期存活，而没有细胞的生长和增殖。直到 1907 年 Ross Harrison 将蛙胚神经管区的一片组织植入蛙的淋巴液凝块中，使这片组织不但存活了几个星期，而且从培养的细胞中长出了轴突，从而证明了动物组织（细胞）在离体条件下培养是完全可行的。在此基础上，1912 年 Carrel 则更加丰富和完善了此项技术，他将无菌操作技术引入动物细胞培养，在没有使用抗生素的条件下使鸡胚心脏细胞在人工培养条件下生存了 34 年，先后传代 3400 次。并发现，动物体液中存在着对动物细胞生长有强烈促进作用的生长因子。这早已被现在的研究所证实，并成为无血清培养基研究的基础。由于这两位科学家的卓越成就，细胞培养从此开始了迅猛的发展，并成为生物工程特别是细胞工程中一项重要的基础技术。

随着细胞培养技术的不断发展和完善，20 世纪 50 年代进入繁盛阶段，细胞培养逐渐在基础研究与应用领域所应用，特别是在医学领域得到迅速的发展。目前，细胞培养技术已经涉及生物学、医学、农业、环境保护等领域。近 30 年来，由于大规模细胞培养技术的研究和开发，以及一些有分泌能力的细胞所表现出的独有的优越性，使动物细胞培养技术在生化药品、遗传病治疗，以及癌症的研究和治疗上备受人们的重视，并已开始走上产业化的道路。

# 第二节 细胞培养的特点与应用

## 一、细胞培养的特点

细胞或组织培养具有很多优越性，但也存在一定的局限性，因此对之应有全面的认识。

细胞培养的主要优点如下：

（1）研究的对象是活的细胞 这是组织或细胞培养最重要的优点。在实验过程中，根据要求可始终保持细胞的活力，并可长时期地监控、检测，甚至定量评估一部分活细胞的情况，包括其形态、结构和生命活动等。

（2）研究的条件可以人为地控制 进行体外的细胞培养实验时，可以根据需要，控制包括 pH、温度、$O_2$ 浓度、$CO_2$ 浓度等物理化学条件，并且可以做到很精确以及保持其相对的恒定。同时，可以施加化学、物理、生物等因素作为实验条件，这些因素同样可以处于严格控制之下。

（3）研究的样本，可以达到较高的均一性 取自一般的组织样本，其构成的细胞类型含有多种，即使是来源于同一组织，也不能做到均一性。但是，通过细胞培养一定的代数后，所得到的细胞系则可以达到均一性而属同一类型的细胞，需要时，还可采用克隆化等方法使细胞达到纯化。

（4）研究的内容便于观察、检测和记录 体外培养的细胞可采用各种技术和方法来观察、检测和记录，充分地满足实验的要求，如：通过倒置相差显微镜、视频终端等直接观察活的细胞；电子显微镜分析细胞的超微结构；同位素标记、放射免疫等方法检测细胞内物质的合成、代谢的变化等。

（5）研究的范围比较广泛　多种学科均可利用细胞培养进行研究。如细胞学、免疫学、肿瘤学、生化学、遗传学、分子生物学等。可供实验的组织来源众多，包括各种动物的各类组织，如可以是啮齿类动物或哺乳类动物、可以是动物的胚胎或成体、可以是正常组织或肿瘤组织等。

（6）研究的费用相对较低　由于细胞培养有可能大量提供在同一时期条件相同、性状相似的实验样本，因此有时可比体内实验经济得多。例如，一个需要 100 只小鼠才能得出结论的实验可以用 100 片盖玻片或几个多孔培养板就获得具有相同统计学意义的结果。

缺点：尽管培养技术不断发展，并努力创造条件以模拟动物体内状况，但是体外培养的组织或细胞与体内类似组织细胞仍然存在差异。可以说，任何组织或细胞置于体外培养后，培养细胞失去体内细胞的制约和整体调节作用，其细胞形态和功能都会发生一定程度的改变。因此，对于体外培养的细胞，应该把他们视作一种既保持动物体内原细胞一定的性状、结构和功能又具有某些改变的特定的细胞群体，而不能将之与体内的细胞完全等同。这一点，在进行研究、分析时应予注意。另外，细胞培养存在一定的不稳定性也是其缺点之一。体外培养的细胞，尤其是反复传代、长期培养的，有可能发生染色体非二倍体改变等情况。

## 二、细胞培养技术的应用研究

### 1. 在病毒学中的应用

培养的细胞为病毒的增殖提供了场所。细胞是分离病毒的基质，体外培养细胞环境无抗体及非特异拮抗物质的影响，而且病毒适应细胞的敏感性较体内细胞高。可采用离心感染法或提取病毒核酸进行感染，并以细胞打孔器协助感染扩大病毒感染的宿主范围，使病毒感染指标容易观察，光学显微镜下就可见到包涵体、细胞融合等现象，同时也便于用分子病毒学技术进行检测。细胞培养技术在研究各种病毒的感染机制方面起到了非常重要的作用。如对乙肝病毒（HBV）的研究方面就与细胞培养的应用密不可分。HBV感染可引发急、慢性病毒性肝炎，还与肝硬化、肝细胞癌的发生和发展有密切关系。肝源细胞体外模型对研究 HBV 生物学特性，HBV 的致病机制，HBV 基因组的复制、表达和调控，体外抗病毒药物的筛选发挥了重要作用，大大促进了对 HBV 的研究。通过细胞培养技术，可了解猪轮状病毒的培养特性，建立其分离方法以及 FQ-PCR 检测方法，为研发诊断试剂盒和疫苗奠定基础。使用细胞培养研究鱼类病毒可以减少隐性感染概率和个体差异引起的误差，使试验结果更加准确迅速，可建立细胞株（系）分离和鉴定鱼类病毒，进行生物学、病理学和流行病学研究，具有非常重要的意义。

### 2. 在肿瘤学中的应用

肿瘤是机体在致癌因子的作用下，组织中的细胞失去对其生长的正常调控，导致其异常增生而形成的新生物。目前对于各种癌症还没有有效的药物来治疗，肿瘤研究的首要任务是明确致癌机制。细胞培养技术使研究人员能够清楚地认识正常细胞、癌前病变细胞、生命有限的肿瘤细胞以及完全转化或永生化的肿瘤细胞的生物学特征，这些逐级进化的细胞是体外研究多阶段致癌机制的基础。体外血管模型主要研究血管的生理和病理以及药物的作用，根据培养方式不同可以分为二维和三维血管。徐燕等利用抗结合的原理 CD31 抗体免疫磁珠与内皮细胞特异性分离获得了高纯度可传代并具有体外二维管腔样结构形成特性的 ODMCs，建立起简便快速的卵巢癌微血管内皮细胞体外培养体系，为后续研究卵巢癌抗血管生成提供了良好的试验材料。马晓雯等建立一种有效培养人肺腺癌 A549 Sphere 细胞的方法，并在 A549 Sphere 细胞中初步证明了人肺腺癌中可能存在肿瘤干细胞，这些 Sphere 细胞可富集干细胞样细胞，抗化疗药物的能力也增强。不仅为分离 A549 细胞中的肿瘤干细胞提供一种可能的有效途径，也为理解临床肺腺癌治疗的耐药性提供了新思路。

### 3. 在药理学中的应用

细胞培养在药理学中的应用比较广泛。通过培养细胞的生长曲线可计算细胞增长的绝对指数，从而可以直观地了解细胞生长与死亡的动态变化，一般用于检测各种药物对细胞生长的影响。利用培养细胞的放射自显技术，研究细胞的物质代谢、动态变化和细胞周期等，对于药物作用机制的研究有重要作用。细胞培养可用于抗动脉粥样硬化、治疗糖尿病等药物的研究等。目前，体外培养活的心肌细胞已经广泛应用于药理学方面的研究。此方法通过对心肌细胞的培养，可以观察各种药物对其直接作用和对活细胞影响的动态过程，深入研究药物对心肌细胞的离子转运的影响，建立各种心肌细胞损伤模型，利于探讨药物的作用机制。此外，还具有简便、准确、快捷、节约动物和药品等特点，可大幅提高研究效率。阳海鹰等利用试验建立的新生小鼠心肌细胞体外培养方法，结果表明，单细胞收获率和心肌细胞纯度高，心肌细胞搏动时间长；并应用此细胞模型观察了镰刀菌毒素丁烯酸内酯（BUT）对心肌的毒性作用，证明具有结果稳定、重复性好等优点。这不仅为毒理学，还为药理学研究提供了一个较好的实验模型。

### 4. 在动物生产中的应用

细胞培养作为细胞生物学乃至生物学研究的重要技术，在生物领域中占有重要地位。动物组织（细胞）培养开始于20世纪初，发展至今已成为生物、医学研究及应用广泛采用的技术方法，目前这项技术也广泛应用于动物生产的研究。球虫是一类寄生于鸡等动物肠道上皮细胞的一种原虫，广泛分布于世界各地，是目前危害养鸡业的重要疾病之一。而细胞培养为球虫研究提供洁净无污染的环境，为研究抗球虫药物的作用机制、活性以及球虫的发育、行为、结构、免疫、遗传、细胞化学和生物化学等方面提供更有效的研究工具。在鱼类方面，利用细胞克隆技术可以培育出新品种，还可以通过细胞培养技术进行鱼类病毒的分离、鉴定和增殖。Nicolajsen 等证明，虹彩病毒在 BF-2、EPC、CHSE-214、RTG-2、FHM 5 种细胞系均有较好的繁殖，这为研究宿主和病原之间的机理提供了帮助。郑凯等通过获得较高纯度的牦牛子宫肉阜上皮细胞并进行培养，可为牦牛胎儿与母体之间的相互调控及物质运输提供简捷的研究平台。

5. 在其它方面的应用

细胞培养技术可用于有毒物质毒性机理的研究。可利用体外培养动物细胞来研究氟化物的毒性机制。法国巴斯德研究所和美国西奈山医学中心就在哺乳动物细胞中成功表达了乙肝表面抗原。我国也成功研制了由中国仓鼠卵巢细胞（CHO）细胞系表达的基因工程乙肝疫苗。

# 第三节　细胞培养生物学

## 一、体外培养细胞与体内细胞的差异与分化

### 1. 体外培养细胞与体内细胞的差异

细胞离体后，失去了神经体液的调节和细胞间的相互影响，生活在缺乏动态平衡的相对稳定环境中，日久天长，易发生如下变化：分化现象减弱；形态功能趋于单一化或生存一定时间后衰退死亡；或发生转化获得不死性，变成可无限生长的连续细胞系或恶性细胞系。因此，培养中的细胞可视为一种在特定条件下的细胞群体，它们既保持着与体内细胞相同的基本结构和功能，也有一些不同于体内细胞的性状。实际上从细胞一旦被置于体外培养后，这种差异就开始发生了。

2. 体外培养细胞的分化

正常个体发育开始于完成受精后的合子状态，由合子经过细胞分裂与细胞分化过程逐渐形成细胞的多样性，出现组织与器官的形态与结构。细胞分化是机体不同组织与器官发挥功能的先决条件，细胞分化的标志是特异性蛋白的合成。细胞离体培养环境的改变，失掉体内的调节系统，细胞的分化可能会发生其它方面的变化，如不适应、脱分化或去分化。

## 二、体外培养细胞的类型

根据体外培养的细胞能否贴附在培养容器上生长的特性，主要分为贴附型的生长细胞与非贴附型的生长细胞（悬浮型）两大类。

### （一）贴附型

细胞在培养时能贴附在支持物的表面生长，即只有依赖于贴附才能生长的细胞称为贴附型细胞。贴附生长本是大多数有机体细胞在体内生存和生长发育的基本存在方式。贴附有两种含义：一是细胞之间相互接触；二是细胞与细胞外基质之间的相互接触。动物细胞培养中，大多数哺乳动物细胞是必须附壁即附着在固体表面生长，当细胞布满表面后即停止生长，这时若取走一片细胞，存留在表面上的细胞就会沿着表面生长而重新布满创面。

目前已有很多种细胞能在体外培养生长，包括正常细胞和肿瘤细胞。例如成纤维细胞、骨骼组织、心肌与平滑肌、肝、肺、肾、乳腺、皮肤、神经胶质细胞、内分泌细胞、黑色素细胞及各种肿瘤等。这些细胞在活体体内时，各自具有其特殊的形态，但是处于体外培养状态下的贴附生长型细胞则常在形态上表现为比较单一化而失去其在体内原有的某些特征，并多反映出其胚层起源的情况。贴附生长的体外培养的细胞从形态上一般大体可分为上皮型细胞及成纤维型细胞，以及游走型和多形型。

### 1. 成纤维型细胞

胞体呈梭形或不规则三角形，中央有卵圆形核，胞质突起，生长时呈放射状。除真正的成纤维细胞外，凡由中胚层间起源的组织，如心肌、平滑肌、成骨细胞、血管内皮等常呈本型状态。另外，凡培养中细胞的形态与成纤维类似时皆可称之为成纤维细胞。

### 2. 上皮型细胞

细胞呈扁平不规则多角形，中央有圆形核，细胞彼此紧密相连成单层膜。生长时呈膜状移动，处于膜边缘的细胞总与膜相连，很少单独行动。起源于内、外胚层的细胞如皮肤表皮及其衍生物、消化管上皮、肝胰、肺泡上皮等皆呈上皮型形态。

### 3. 游走型细胞

体外培养的游走型细胞具有类似巨噬细胞样的特征。形态学特征为：游走型细胞在支持物上分散生长，一般不连接成片、形成群落；细胞胞质常伸出伪足和突起；在培养器皿壁上生长位置不固定，呈活跃的游走和变形运动，速度快且方向不规则；细胞内易出现暗色的吞噬性颗粒。该类细胞不很稳定，外形不规则且不断变化，当细胞密度增大、连接成片时，形状类似于成纤维样细胞型或上皮细胞型。表现这种细胞形态的主要是具有吞噬作用的单核巨噬细胞系统的细胞，如颗粒性白细胞、淋巴细胞、单核细胞、巨噬细胞、肿瘤细胞等。

### 4. 多形型细胞

有一些细胞，如神经细胞难以确定其规律和稳定的形态，可统归于此类。

以上分类仅是为了实际工作的方便而进行的笼统提法，体外的这些细胞类型并不能等同于体内相应类型的细胞，仅仅是描述培养细胞的形态而已。体外培养时所谓的上皮细胞型细胞或成纤维细胞型细胞，仅是因为其形态与体内的上皮细胞或成纤维细胞类似，并不能将体外培养的这些细胞与体内同名的细胞完全等同；而且，这种名词系使用于描述细胞的外形而并非说明细胞的起源。

### （二）悬浮型

少数类型细胞在体外培养时不需要附着于底物而于悬浮状态下即可生长，包括一些取自血、脾或骨髓的培养细胞，尤其是血液白细胞，以及癌细胞。这些细胞在悬浮中生长良好，可以是单个细胞或为细小的细胞团，观察时细胞呈圆形。由于悬浮生长于培养液之中，因此其生存空间大，具有能够繁殖大量细胞、传代繁殖方便（只需稀释而不需消化处理）、易于收获细胞等优点，并且适于进行血液病的研究。

缺点是不如贴附生长型观察方便，而且并非所有的培养细胞都能悬浮生长。

## 三、体外培养细胞的生长与增殖过程

体内细胞生长在动态平衡环境中，而组织培养细胞的生存环境是培养瓶、皿或其它容器，生存空间和营养是有限的。当细胞增殖达到一定密度后，则需要分离出一部分细胞和更新营养液，否则将影响细胞的继续生存，这一过程叫传代。每次传代以后，细胞的生长和增殖过程都会受一定的影响。另外，很多细胞特别是正常细胞，在体外的生存也不是无限的，存在着一个发展过程。所有这一切，使组织细胞在培养中有着一系列与体内不同的生存特点。

### （一）培养细胞生命期

所谓培养细胞生命期，是指细胞在培养中持续增殖和生长的时间。体内组织细胞的生存期与完整机体的死亡衰老基本相一致。组织和细胞在培养中生命期如何？这要看细胞的种类、性状和原供体的年龄等情况。人胚二倍体成纤维细胞培养，在不冻存和反复传代条件下，可传 30～50 代，相当于 150～300 个细胞增殖周期，能维持一年左右的生存时间，最后衰老凋亡。如供体为成体或衰老个体，则生存时间较短；如培养的为其它细胞如肝细胞或肾细胞，生存时间更短，仅能传几代或十几代。只有当细胞发生遗传性改变，如获得永生性或恶性转化时，细胞的生存期才可能发生改变。

正常细胞培养时，不论细胞的种类和供体的年龄如何，在细胞全生存过程中，大致都经历以下三个阶段（图 1-1）：

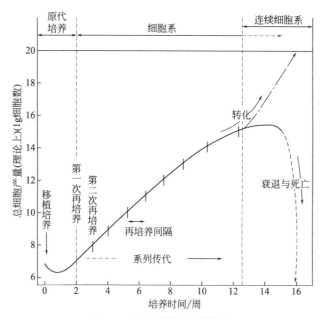

图 1-1 培养细胞生命期图示

### 1. 原代培养期

原代培养也称初代培养，即从体内取出组织接种培养到第一次传代阶段，一般持续 1～4 周。此期细胞呈活跃的移动，可见细胞分裂，但不旺盛。原代培养细胞与体内原组织在形态结构和功能活动上相似性大。细胞群是异质的，也即各细胞的遗传性状互不相同，细胞相互依存性强。如把这种细胞群稀释分散成单细胞，在软琼脂培养基中进行培养时，细胞克隆形成率很低，即细胞独立生存性差。克隆形成率即细胞群被稀释分散成单个细胞进行培养时，形成细胞小群（克隆）的百分数。原代培养细胞多呈二倍体核型；由于原代培养

动物细胞培养技术

细胞和体内细胞性状相似性大，是检测药物很好的实验对象。

### 2. 传代期

体内细胞生长在动态平衡环境中，而组织培养细胞的生存环境是培养瓶、皿或其它容器，生存空间和营养是有限的。当细胞增殖达到一定密度后，则需要分离出一部分细胞和更新营养液，否则将影响细胞的继续生存，这一过程叫传代。原代培养的细胞一经传代后便改称做细胞系。

传代期特点：在全生命期中此期的持续时间最长，细胞增殖旺盛，并能维持二倍体核型。

### 3. 衰退期

特点：此期细胞仍然生存，但增殖很慢或不增殖，最后衰退凋亡。

### （二）组织细胞培养一代生存期

"一代"指细胞从接种到分离再培养所需要的时间。与细胞倍增一代不是一个含义。在细胞一代中，细胞能倍增3～6次，经历三个阶段。置于体外培养的细胞，如条件合适，将生长繁殖。在培养器皿中，细胞繁殖到一定程度后，供培养生长的区域被细胞占满，培养基中的营养物质将被耗尽，如不及时传代，原代细胞将逐渐死亡。原代细胞培养传代后即为细胞系。成为第二代的细胞，以后可能继续传代。有限细胞系经过一定的代数之后，最终衰退而死亡；无限细胞系或连续生长细胞系则因具不死性而可无限/永久地传代、生长。在细胞的生长过程中，繁殖到一定密度后，将之分开而移至新的培养皿中（称为接种），使之继续繁殖生长，即为传代细胞自接种至新培养皿中至其下一次再传代接种的时间为细胞的一代。每代细胞的生长过程可分为三个阶段（图1-2）：细胞先进入生长缓慢的潜伏期，以后为增殖迅速的对数增生期，最后到达生长停止的稳定期。

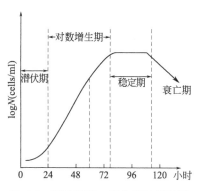

图1-2 培养细胞一代生长过程图示

### 1. 潜伏期

细胞接种培养后，先经过一个在培养液中呈悬浮状态的悬浮期。此期细胞胞质回缩，胞体呈圆球形。接着是细胞附着或贴附于底物表面上，称贴壁，悬浮期结束。各种细胞贴壁速度不同，这与细胞的种类、培养基成分和底物的理化性质等密切相关。贴附现象是非常复杂和受多种因素影响的。

细胞潜伏期具有如下特点：

（1）细胞贴附后进入潜伏期，细胞无增殖。少见分裂相，细胞有运动活动。

（2）初代培养细胞潜伏期约为24～96h或更长，连续细胞系和肿瘤细胞潜伏期约 6～24h。

（3）细胞接种密度大潜伏期短。

（4）细胞出现分裂相增多时，标志细胞进入指数增生期。

## 2. 对数增生期

又称指数增生期。是细胞增殖最旺盛的阶段，分裂相细胞增多。对数生长期细胞分裂相数量可作为判定细胞生长是否旺盛的一个重要标志。通常以细胞分裂相指数表示，即细胞群中每 1000 个细胞中的分裂相数。一般细胞的分裂指数介于 0.1%～0.5%，原代细胞分裂指数较低，而连续细胞和肿瘤细胞分裂相指数可高达 3%～5%。对数生长期是细胞活力最好的时期，是进行各种实验的最佳时期，也是冻存细胞的最好时机。在接种细胞数量适宜情况下，对数增生期持续 3～5h 后，随着细胞数量不断增多、生长空间减少，最后细胞相互接触汇合成片。正常细胞相互接触后能抑制细胞运动，这种现象称接触抑制现象。而恶性肿瘤细胞无接触抑制现象（图 1-3），能继续移动和增殖，导致细胞向三维空间扩展，使细胞发生堆积。细胞接触汇合成片后，虽然发生接触抑制，但只要营养充分，细胞仍能进行增殖分裂，因此细胞数仍然在增多。但是，当细胞密度进一步增大，培养液中营养成分减少，代谢产物增多时，细胞因营养枯竭和代谢产物的影响，导致细胞分裂停止，这种现象称密度抑制现象。

正常细胞

平面观
(a)

肿瘤细胞

失去接触抑制
(b)

**图 1-3　接触抑制图示**

### 3. 稳定期

细胞数量达到饱和密度后，如不及时进行传代，细胞就会停止增殖，进入稳定期。此时细胞数持平，故也称平台期。稳定期细胞虽不增殖，但仍有代谢活动。如不进行分离传代，细胞会因培养液中营养耗尽、代谢产物积聚、pH下降等因素中毒，出现形态改变，贴壁细胞会脱落，严重的会发生死亡，因此，应及时传代。

细胞稳定期特点：细胞不增殖，有代谢活动。培养液中的营养已逐渐耗尽，代谢产物积累增多，pH值降低，此时需要传代，否则细胞将会中毒，发生形态改变，细胞会从底板脱落死亡。传代过晚将影响下一代细胞的生长，至少要再传1~2代，通过换液可淘汰死细胞和受损较轻的细胞。待细胞全部恢复后再用。

## 四、细胞周期

细胞周期即一个母细胞分裂结束后形成的细胞至其下一次再分裂结束形成两个子细胞的这段时期，可分为间期和M期（分裂期）两个阶段。细胞群中多数细胞处于间期，少数细胞处于M期。一般间期的时间较长，而M期的时间较短。在间期，细胞完成生长过程，主要为DNA的合成，即遗传物质DNA的复制，在M期，细胞所完成的主要是分裂，即遗传物质的分配。在间期中，DNA合成仅占其中的一段时间，称为DNA合成期（S期）；在S期之前和S期之后，分别有两个间隙阶段，称为DNA合成前期（G1期）及DNA合成后期（G2期）。因此，可将细胞周期归纳如下：

间期＝G1 期＋S 期＋G2 期

细胞周期＝间期＋M 期＝G1 期＋S 期＋G2 期＋M 期

### 1. G1 期

从有丝分裂到 DNA 复制前的一段时期，又称合成前期，此期主要合成 RNA 和核糖体。该期特点是物质代谢活跃，迅速合成 RNA 和蛋白质，细胞体积显著增大。这一期的主要意义在于为下阶段 S 期的 DNA 复制作好物质和能量的准备。各种细胞 G1 期持续时间的长短差异较大，短者 4～5h，长者可达数日。增殖旺盛细胞的 G1 期持续时间短，衰退细胞则时间长。

### 2. S 期

即 DNA 合成期，在此期，除了合成 DNA 外，同时还要合成组蛋白。DNA 复制所需要的酶都在这一时期合成。在 S 期的开始阶段，DNA 合成的强度较大，以后逐渐减少，至 S 期结束时 DNA 含量将加倍。本期为遗传物质较易受损的时期，因 DNA 在合成过程中，其核苷酸双链分离，易于受到致突变或致癌物的影响。各种细胞的 S 期持续时间差别较小，在 2～30h 之间，平均 6～8h。

### 3. G2 期

为 DNA 合成后期，是有丝分裂的准备期。在这一时期，DNA 合成终止，大量合成 RNA 及蛋白质，包括微管蛋白和促成熟因子等。在 G2 期，蛋白质的合成与细胞的分裂有关，若此期内蛋白质的合成受阻，将影响细胞进行分裂。细胞于本期中对周围环境较敏感，易因温度、pH等因素的影响而受干扰，停阻于G2期，但当这些不利的作用因素去除后常能恢复。本期持续时间较短，为2～3h或略长。

4. M期

为细胞分裂期。细胞的有丝分裂需经前、中、后、末期，是一个连续变化过程，由一个母细胞分裂成为两个子细胞。细胞处于分裂时称为分裂相。细胞分裂相的多少可作为细胞生活状态和增殖旺盛情况判断的重要参考指标。M期整个持续时间很短，也较稳定，一般需1～2h。

（1）前期 染色质丝高度螺旋化，逐渐形成染色体。染色体短而粗，强嗜碱性。两个中心体向相反方向移动，在细胞中形成两极；而后以中心粒随体为起始点开始合成微管，形成纺锤体。随着核仁相随染色质的螺旋化，核仁逐渐消失。核被膜开始瓦解为离散的囊泡状内质网。前期持续时间为20～30min。

（2）中期 细胞变为球形，核仁与核被膜已完全消失。染色体均移到细胞的赤道平面，从纺锤体两极发出的微管附着于每一个染色体的着丝点上。从中期细胞可分离得到完整的染色体群，共46个，其中44个为常染色体，2个为性染色体。男性的染色体组型为44＋XY，女性为44＋XX。分离的染色体呈短粗棒状或发夹状，均由两个染色单体借狭窄的着丝点连接构成。中期持续时间为20～30min。

（3）后期 由于纺锤体微管的活动，着丝点纵裂，每一染色体的两个染色单体分开，并向相反方向移动，接近各自的中心体，染色单体遂分为两组。与此同时，细胞波拉长，并由于赤道部细胞膜下方环行微丝束的活动，该部缩窄，细胞遂呈哑铃形。后期持续时间最短，仅 5～6min。

（4）末期　染色单体逐渐解螺旋，重新出现染色质丝与核仁；内质网囊泡组合为核被膜；细胞赤道部缩窄加深，最后完全分裂为两个 2 倍体的子细胞。本期持续的时间为 20～30min。

整个细胞周期的持续时间和细胞周期中各期的持续时间因不同细胞类型而异。一般说来，哺乳动物细胞的细胞周期为 10～30h。其中 S 期、G2 期及 M 期一起为 10h 左右，不同细胞的变异程度较小；而 G1 期持续的时间差别则较明显。因此，某种细胞的细胞周期时间的长短主要与 G1 期的关系密切。

# 第四节 ▎细胞培养条件与影响因素

体外培养组织与细胞与体内环境不同，在保证细胞生长所需的各种营养成分的同时，也得模拟体细胞生长的环境，满足基本的理化生存环境与无菌条件。

## 一、无菌环境

培养环境无毒和无菌是保证培养细胞生存的首要条件。人体内环境同样需要无菌和无毒。但在有害物侵入体内或代谢产物积累时，由于体内存在着强大的免疫系统和解毒器官（肝脏等），对它们可进行抵抗和清除，使细胞不受危害。当细胞被置于体外培养后，便失去了对微生物和有毒物质的防御能力，一旦被污染或自身代谢物积累等，可导致细胞死亡。因此在进行培养中，保持细胞生存环境无任何污染、代谢物及时清除等，是维持细胞生存的基本条件。

无菌操作基本要求：①手指不能触及器材使用端；②减少手指与器材的接触面积，学会手指操作；③一切操作，如打开或封闭瓶口、安装吸管等，都要在火焰前方进行、使用端用前要经过火焰消毒；④瓶口要顺风斜放在支架上；⑤细胞培养各种用液专管专用，并要勤换吸管，防止扩大污染和交叉污染；⑥瓶口液滴不能再倒回瓶内，要用干酒精棉球擦拭，瓶口要再经火焰消毒；⑦操作者动作要准确敏捷，尽量避免空气流动。

## 二、细胞分离方法

细胞培养之前，首先要进行组织块的分离，其主要方法包括：直接分离法（包括机械法和 EDTA 螯合法）和酶消化法（包括胰蛋白酶消化和胶原酶消化）。

（1）直接分离法 该方法分离得到的细胞数量没有酶消化法得到的多，但可满足一般实验的要求，该方法的优点是操作流程简单，不需要复杂的仪器和昂贵的胶原酶。

（2）酶消化法 多用于新生动物组织或动物胚胎的肝细胞培养。胰蛋白酶消化法具有分离效果好、操作简单和价格便宜的特点，因为胰酶消化的条件很难掌握，所以未被广泛应用；胶原酶消化法具有分离效果好、细胞产量高（即时存活率高、对细胞损伤小）、维持细胞特异性功能的时间长等优点。

## 三、细胞培养温度

不同种类的动物细胞对温度的要求并不一致，如人和哺乳动物的细胞培养温度为 35～37℃，鸟类细胞培养温度为 38.5℃，鼠类细胞为 34℃。一般来说，细胞对低温的耐受力比高温强。因此，在细胞的培养过程中要及时地根据细胞的类型调整适宜的温度。在使用恒温培养箱时，箱内温度应维持在 37℃、$CO_2$ 体积分数为 5%。

## 四、细胞培养基的成分

培养基既是培养细胞中供给细胞营养和促使细胞增殖的基础物质，也是培养细胞生长和繁殖的生存环境。培养基的种类很多，按其物质状态分为半固体培养基和液体培养基，按其来源分为天然培养基和合成培养基。

### 1. 天然培养基

最普遍的天然培养基是血清，基本以小牛血清最为普遍。血清由于含有多种细胞生长因子、促贴附因子及多种活性物质。与合成培养基合用，能使细胞顺利增殖生长。质量好的血清应该是无溶血、橘黄色、清亮透明、无细菌、无支原体污染的黏稠状液体。血清的体积分数要控制在 5%～20%，当超过 30% 时反而不利于细胞生长，过高或过低的血清体积分数都不利于细胞的生长和增殖。一般将血清保存于 -20℃ 以下，时间不宜过长。

## 2. 合成培养基

合成培养基是根据细胞所需物质的种类和数量严格配制而成的。内含碳水化合物、氨基酸、脂类、无机盐、维生素、微量元素和细胞生长因子等。单独使用细胞虽有生存但不能很好地生长增殖。迄今为止，人工合成的培养基已有多种，如 RPMI-1640、Eagle's MEM、DMEM 等，其主要差别在于氨基酸、维生素、无机盐和能源物质的组成及含量不同。一般认为 RPMI-1640 营养全面，对各种组织生长都适用；Eagle's MEM 适合于细胞株的传代培养；DMEM 有利于细胞的分裂增殖；Ham's F12 能促进细胞的分化。也有学者将不同培养基混合应用，从而得到较好的培养效果。培养液中的抗生素是青霉素和链霉素。此外，卡那霉素、新霉素、两性霉素、氯霉素等都可以防止细胞培养过程中细菌和真菌的污染。

## 五、接种密度

一定浓度的培养液仅能支持一定数量的细胞生长，细胞密度过大时，养分不足，使细胞迅速老化；而密度过小时不利于细胞单层的形成。在传代培养中，细胞的密度取决于传代的时间。一般分瓶的稀释比例为 1:3 至 1:6，依细胞种类而异。在细胞生长的外部条件完全相同的情况下，细胞分散比率不同会导致不同的增殖倍数，影响细胞产量，这对培养种细胞尤其重要。

## 六、培养基的 pH 值

在培养动物细胞时，不同种动物或是同一种动物的不同部位对 pH 值的要求各不相同。一般认为，动物细胞培养基的 pH 值一般在 $7.2\sim7.4$，呈弱碱性。培养过程中 pH 值低于 6.8 时对细胞生长会有抑制作用，细胞生长缓慢；而当 pH 高于 7.6 时则细胞不能生长，这可能是由于空气的接触而导致培养基中的营养成分被氧化所致。

## 七、细胞的冻存与复苏

细胞冻存和复苏的基本原则是"慢冻快融"，实验证明这样可以最大限度地保存细胞活力。目前细胞冻存多采用甘油或二甲基亚砜作保护剂，这两种物质都能提高细胞膜对水的通透性。缓慢冷冻可使细胞内的水分渗出细胞外，减少细胞内冰晶的形成，从而减少由于冰晶形成造成的细胞损伤。复苏细胞应采用快速融化的方法，这样可以保证细胞外结晶在很短的时间内即融化，避免由于缓慢融化使水分渗入细胞内形成胞内再结晶对细胞造成损伤。

### 1. 细胞冻存

传代培养的细胞，如果暂时不用，可以冷冻保存。利用冻存技术将细胞置于 $-196℃$ 液氮中低温保存，可以使细胞暂时脱离生长状态而将其细胞特性保存起来，在需要的时候再复苏细胞后用于实验。而且适度地保存一定量的细胞，可以防止因正在培养的细胞被污染或其它意外事件而使细胞丢种，起到了细胞保种的作用。除此之外，还可以利用细胞冻存的形式来购买、寄赠、交换和运送某些细胞。细胞冻存时向培养基中加入保护剂至终体积分数 5%。15% 的甘油或二甲基亚砜（DMSO），可使溶液冰点降低，加之在缓慢冻结条件下细胞内水分透出，减少了冰晶形成，从而避免细胞损伤。标准冷冻速度开始为 $-1℃/min$ 或者 $-2℃/min$，当温度低于 $-25℃$ 时可加速，到 $-80℃$ 之后可直接投入液氮内（$-196℃$）。

**2. 细胞复苏**

复苏细胞的原则为快速解冻，从液氮中取出细胞冻存管之前应准备好 38℃ 的温水，冻存管取出后用镊子夹住顶端迅速放入温水中，结束后还要在 75% 酒精中清洗几次，除去透明过程中染上的杂质。冻存复苏后的状态主要与冻存保护剂的种类、浓度以及细胞复苏方法和复苏后培养液中小牛血清浓度等有关。二甲基亚砜（DMSO）是一种具有非常强的溶解能力和非凡渗透能力的化学物质，也是应用最广泛的体外培养细胞冻存保护剂，其常用体积分数为 10%～20%，不同种属细胞的最适浓度也存在一定差别。

## 八、附着底物

除少数悬浮型细胞外，绝大多数体外培养细胞需附着在适宜的底物上才能生长。细胞贴附在底物上生长的性质称锚着依赖性。原则上讲，凡对细胞无毒性的物质都可用作底物，但不同的细胞，对底物要求各异，底物不适，细胞生长不良。根据所培养细胞的种类和培养的目的，常用底物有以下几种。

### 1. 玻璃

这是最常用的底物，有透明、便于观察、易洗涤和能反复使用等优点，质地以中性玻璃为上。玻璃底物适于各种细胞附着生长，玻璃用强碱如 NaOH 处理后，性质能受一定影响，需用酸中和后才可用。缺点是易破碎。

### 2. 一次性塑料

塑料种类很多，常用有聚苯乙烯，欧美等国已广泛使用，我国也开始生产。聚苯乙烯材料具有疏水性，制成培养瓶（皿）后，需加工处理，使表面带有电荷，遂产生疏水性。由聚苯乙烯制成的培养瓶（皿），光洁平坦，用于培养正常细胞、无限细胞系、转化细胞和肿瘤细胞均可。市售包装好的消毒商品，使用方便，一般限一次使用，消耗量大，不甚经济，不同厂家产品，尚有质量上的差异。此外还有聚四氟乙烯制品，有充电荷和非充电荷两种，前者具有亲水性，适合一般单层细胞培养，后者具有疏水性，适合巨噬细胞和转化细胞培养。聚四氟乙烯透气性好，还可制成薄膜，剪成小块后能置入各种瓶（皿）中，适于细胞贴附生长，便于取出、染色和做电镜切片。塑料瓶（皿）用后，必要时尚可重用；用水冲洗干净，如有残余细胞附着牢固，可用膜蛋白酶消化去除，晾干包装后，钴 60 辐射灭菌，但仅限一两次，使用次数过多，易出划痕和破坏疏水性。一次性塑料为理想的培养器皿。随着经济条件改善，有日趋普遍应用和取代其它培养器皿之趋势。

### 3. 微载体

微载体是由聚苯乙烯和聚丙烯酰胺制成的小球体，附着面大，利于大量增殖细胞。

### 4. 饲养细胞

饲养细胞也称滋养细胞，可用成纤维细胞或其它细胞长成单层后，再用大剂量射线照射，使细胞失去增殖能力但尚存活和有代谢活动。令其作为底物，将其它细胞接种于其上；饲养细胞的代谢产物利于其它细胞生长，从而被称为饲养细胞。饲养细胞可用于培养特殊难培养的细胞。

## 九、细胞供体年龄

原则上所有个体都可作为组织细胞的供体，但同样培养物，来自幼年个体比老年者易于培养；来自同一个体的组织，分化低的组织细胞比分化高的容易培养。同一个培养物中的细胞成分性状是不均一的，即存在着异质性，表现在分化程度、生物性状、增殖能力和对体外培养环境的适应能力不同等。如皮肤组织培养时，成纤维细胞大多先生长，并能压过表皮细胞的生长；干细胞比非干细胞易生长增殖等。

# 第二章

## 培养用液与培养基

细胞培养基是指人工模拟细胞在体内生长的营养环境、维持细胞生长的营养物质，它是提供细胞营养和促进细胞生长增殖的物质基础。培养液中常常补加血清、抗生素等成分。培养基主要包括天然细胞培养基、合成细胞培养基和无血清细胞培养基等。

细胞体外培养时，除了细胞培养基外，还需要消化液、平衡盐溶液、pH 调整液和维生素等。

## 第一节 ▎ 培养基的基本性质

体外培养细胞时，培养基是细胞赖以生存的环境，不仅要提供充足的营养，还要具备细胞生存和分裂增殖所需的物理化学特性，包括合适的渗透压、pH 值等。

### 一、营养成分

维持细胞生长的营养条件一般包括以下几个方面：

（一）氨基酸

氨基酸是细胞合成蛋白质的原料。几乎所有细胞都需要12 种氨基酸：缬氨酸、亮氨酸、异亮氨酸、苏氨酸、赖氨酸、色氨酸、苯丙氨酸、蛋氨酸、组氨酸、酪氨酸、精氨酸和胱氨酸。此外还需要谷氨酰胺，它在细胞代谢过程中有重要作用，所含的氮是核酸中嘌呤和嘧啶合成的来源，同样也是合成三磷酸腺苷、二磷酸腺苷、一磷酸腺苷所需要的基本物质。

（二）单糖

培养中的细胞可以进行有氧呼吸与无氧呼吸，六碳糖是主要能源。此外六碳糖也是合成某些氨基酸、脂肪、核酸的原料。细胞对葡萄糖的吸收能力最高，半乳糖最低。

体外培养动物细胞时，几乎所有的培养基或培养液中都以葡萄糖作为主要的能源物质。

（三）维生素

维生素是辅酶、辅基不可缺少的组成成分。生物素、叶酸、烟酰胺、泛酸、吡哆醇、核黄素、硫胺素、维生素 $B_{12}$ 都是培养基常有的成分。

（四）无机离子与微量元素

细胞生长除需要钠、钾、钙、镁、氮和磷等基本元素，还需要微量元素，如铁、锌、硒、铜、锰、钼、钒等。

## 二、pH 值

大多数细胞适宜的 pH 值在 7.2～7.8 之间，pH 值低于 6.8 或高于 7.6 都可能对细胞有害，甚至退变或死亡；但一些正常的成纤维细胞系在 pH7.4～7.7 生长良好。为了使培养基的 pH 值保持稳定，多在培养基中加入缓冲剂。并常在细胞培养液中加入酚红作为 pH 指示剂，pH 值为 7.0 时呈橘红色，pH 值为 7.4 时呈红色，pH 值为 7.6 时呈桃红色，但这种通过指示剂判断培养基 pH 值的方法存在着较大的主观性。而无血清培养基和个性化培养基可能不含有或含有很少量的酚红，需要通过 pH 计等仪器检测 pH 值，结果更加准确可靠。

## 三、渗透压

大多数体外培养的细胞对渗透压具有一定的耐受能力，适宜的渗透压根据细胞类型和种族而异。人血浆渗透压约为 290mmol/L，被视为体外培养人体细胞的最适渗透压；而鼠细胞渗透压在 320mmol/L 左右，鸡成纤维细胞在 275～325mmol/L 之间。据研究显示，大多数的哺乳动物细胞的渗透压在 260～320mmol/L 之间。

## 四、缓冲能力

在细胞培养的过程中，细胞代谢会产生大量的废物，尤

其是 $CO_2$，它会和水结合产生碳酸，从而导致细胞培养液 pH 下降，所以细胞培养基必须具备一定的缓冲能力。细胞培养基最常用的缓冲剂为 $NaHCO_3$。

除此之外，培养基中还常使用磷酸盐作为缓冲剂，与 $NaHCO_3$ 相比，其缓冲能力较低，但对细胞毒性小、成本低，故在细胞培养中的应用更加广泛；HEPES（4-羟乙基哌嗪乙磺酸）液也是一种常用缓冲液，它是一种氢离子缓冲剂，细胞培养时的添加浓度一般为 $10\sim25mmol/L$，在此范围内 HEPES 对细胞无毒害作用。

## 五、促生长因子及激素

相关报道证明，各种激素、生长因子对于维持细胞的功能、保持细胞的状态（分化或未分化）具有十分重要的作用。有些激素对许多细胞生长有促生长作用，如胰岛素，它能促进细胞利用葡萄糖和氨基酸。有些激素对某一类细胞有明显促进作用，如氢化可的松可促进表皮细胞的生长，泌乳素有促进乳腺上皮细胞生长作用等。

## 六、无毒、无污染

体外生长的细胞对微生物及一些有害有毒物质没有抵抗能力，因此培养基应达到无化学物质污染、无微生物污染（如细菌、真菌、支原体、病毒等）、无其它对细胞产生损伤作用的生物活性物质污染（如抗体、补体）。对于天然培养基，污染主要来源于取材过程及生物材料本身，应当严格选材，严格操作。对于合成培养基，污染主要来源于配制过程，配制所用的水和器皿应十分洁净，配制后应严格过滤除菌。

# 第二节 ▌ 水和平衡盐溶液

## 一、水

水是细胞培养不可缺少的成分，它不仅是细胞的主要成分，而且营养物质的吸收和代谢产物的排出都必须以水为介质，细胞内一系列的化学反应也必须有水的参与，在维持细胞形态、调节渗透压及平衡 pH 值上水也起到一定的作用。

细胞对水的质量要求比较高，实验室中常使用三蒸水和超纯水。一般使用密闭的清洁玻璃瓶储存水，且存储时间不宜过长，尽量使用新鲜的三蒸水或超纯水。

## 二、平衡盐溶液

平衡盐溶液是细胞培养常用液体，具有维持细胞渗透压平衡、保持 pH 稳定及提供细胞所需的能量和 pH 值的作用。用于取材时组织块的漂洗、细胞的漂洗、配制合成培养基等。现在部分实验室中常使用成品的平衡盐溶液（见表 2-1）。

表 2-1　常用平衡盐溶液　　　　　单位：g/L

| 成分 | Ringer | PBS | Tyrode BSS | Earle BSS | Haeks BSS | Dulbecco BSS | D-Hank's BSS |
|---|---|---|---|---|---|---|---|
| NaCl | 9.00 | 8.00 | 8.00 | 6.80 | 8.00 | 8.00 | 8.00 |
| KCl | 0.42 | 0.20 | 0.20 | 0.40 | 0.40 | 0.20 | 0.40 |
| $CaCl_2$ | 0.25 | — | 0.20 | 0.20 | 0.14 | 0.10 | — |
| $MgCl_2 \cdot 6H_2O$ | — | — | 0.10 | — | — | 0.10 | — |
| $MgSO_4 \cdot 7H_2O$ | — | — | — | 0.20 | 0.20 | — | — |
| $Na_2HPO_4 \cdot H_2O$ | — | — | 0.05 | — | 0.06 | — | 0.06 |
| $NaH_2PO_4 \cdot 2H_2O$ | — | 1.56 | 1.00 | 1.14 | — | 1.42 | — |
| $KH_2PO_4$ | — | — | — | — | 0.06 | 0.20 | 0.06 |
| $NaHCO_3$ | — | 0.20 | 1.00 | 2.20 | 0.35 | — | 0.35 |
| 葡萄糖 | — | — | — | 1.00 | 1.00 | — | — |
| 酚红 | — | — | — | 0.02 | 0.02 | 0.02 | 0.02 |

注：引自司徒振强编著《细胞培养》。

最简单的缓冲盐溶液是 Ringer。D-Hank's 与 Hank's 的一个主要区别是前者不含有 $Ca^{2+}$、$Mg^{2+}$，因此 D-Hank's 常用于配制胰酶溶液。Earle 平衡液含有较高的 $NaHCO_3$（2.2g/L），适合于 5% $CO_2$ 的培养条件，Hank's 平衡液仅含有 0.35g/L $NaHCO_3$，不能用于 5% $CO_2$ 的环境，若放入 $CO_2$ 培养箱，溶液将迅速变酸，使用时应注意。Dulbecco BSS 中的 $Ca^{2+}$ 和 $Mg^{2+}$ 含量较低。

配制溶液应使用双蒸水或去离子水。如果配方中含有 $Ca^{2+}$、$Mg^{2+}$，应当首先溶解这些成分。配好的平衡盐溶液可以过滤除菌或高压灭菌。

# 第三节 ▌ 天然培养基

天然细胞培养基是人们早期采用的细胞培养基，主要取自动物体液或从动物组织中分离提取，如血浆凝块、血清、淋巴液、胚胎浸出液等。其含有丰富的营养物质及各种细胞生长因子、激素类物质，渗透压、pH 等也与体内环境相似，但其成分不明确，受来源及法规等问题的限制，制作过程复杂，批次间差异大，故逐渐被合成培养基所取代。实际工作中常将天然培养基与人工合成培养基结合使用。

## 一、血清

血清中含有动物细胞生长繁殖所需的营养物质，如生长因子、附着因子和激素等，是细胞培养中最常用的天然培养基。目前，大部分的合成培养基中均需添加血清，才能使细胞更好地生长繁殖。但血清成分复杂且不完全明确，批次间易产生较大差异，培养中易发生外源性污染，并且血清成本较高，这都使血清在生产和研究中的应用存在着局限性。

### （一）血清种类

细胞培养中常用的血清有牛、羊、兔等动物血清，其中使用最广泛的是牛血清，分为胎牛血清（Fetal Bovine Serum，FBS）、新生牛血清（Newborn Calf Serum）和小牛血清（Calf serum，CS）。胎牛血清是在母牛怀孕 5～8 个月时，通过胎牛心脏穿刺采血获取的血清；新生牛血清采自刚出生至 14 天的小牛；小牛血清采自出生后 2 周至 1 年内的小牛。胎牛血清中所含对细胞有害的成分最少，质量最好，但获取困难，故价格最高。三种血清中所含的促细胞生长因子、促贴附因子、激素及其它活性物质等组分与比例不同；用途与用法也不同，某些细胞必需胎牛血清才能生长，而有些细胞只需小牛血清即可；使用浓度也不同，一般细胞使用浓度为 5%～10%，有特殊要求的浓度为 20%。目前三种血清除了可以自制，在市场上均有成品销售，但不同品牌的血清质量不同的，即使是相同品牌的不同批次也是有差异的，一般如果是长期使用的话建议一次购买相同批次的，避免因更换血清导致意外。

（二）血清的主要成分

血清是由血浆去除纤维蛋白而形成的一种很复杂的混合物，其组成成分虽大部分已知，但还有一部分尚不清楚，且血清组成及含量常随供血动物的性别、年龄、生理条件和营养条件不同而异。血清中含有各种血浆蛋白、多肽、脂肪、碳水化合物、生长因子、激素、无机物等，这些物质可促进细胞的生长。对血清的成分和作用的研究虽有很大进展，但仍存在一些问题。主要是：

（1）血清的成分可能有几百种之多，目前对其准确的成分、含量及其作用机制仍不清楚，尤其是对其中一些多肽类生长因子、激素和脂类等尚未充分认识，这给研究工作带来许多困难。

（2）血清都是批量生产，各批量之间差异很大，而且血清保存期至多1年，因此，要保证每批血清的相似性极为困难，从而使实验的标准化和连续性受到限制。

（3）不能排除血清中含有易变物质，这被认为是"瓶中恶化"的原因之一。

## （三）血清主要作用

（1）提供基本营养物质　氨基酸、维生素、无机物、脂类物质、核酸衍生物等，是细胞生长必需的物质。

（2）提供激素和各种生长因子　胰岛素、肾上腺皮质激素（氢化可的松、地塞米松）、类固醇激素（雌二醇、睾酮、孕酮）等。生长因子如成纤维细胞生长因子、表皮生长因子、血小板生长因子等。

（3）提供结合蛋白　结合蛋白的作用是携带重要的低分子量物质，如白蛋白携带维生素、脂肪及激素等，转铁蛋白携带铁。结合蛋白在细胞代谢过程中起重要作用。

（4）提供促接触和伸展因子使细胞贴壁免受机械损伤，对培养中的细胞起到某些保护作用　有一些细胞，如内皮细胞、骨髓样细胞可以释放蛋白酶，血清中含有抗蛋白酶成分，起到中和作用。这种作用是偶然发现的，现在则有目的地使用血清来终止胰蛋白酶的消化作用。因为胰蛋白酶已经被广泛用于贴壁细胞的消化传代。血清蛋白形成了血清的黏度，可以保护细胞免受机械损伤，特别是在悬浮培养搅拌时，黏度起到重要作用。血清还含有一些微量元素和离子，他们在代谢解毒中起重要作用，如 $SeO_3$、硒等。

（四）细胞培养中使用血清的缺点

血清成分复杂，虽含许多对细胞有利成分，但也含有对细胞有害的成分，使血清有几个明显的缺点：

（1）对大多数细胞，在体内状态时，它们不会直接接触到血清，只有在损伤愈合以及血液凝固过程中才接触血清，因此使用血清有可能改变某种细胞在体内的正常状态，血清可能促进某些细胞（成纤维细胞）生长的同时抑制另一类细胞生长（表皮细胞）。

（2）血清含一些对细胞产生毒性的物质，如多胺氧化酶，能与来自高度繁殖细胞的多胺反应（如精胺、亚精胺）形成有细胞毒性作用的聚精胺。补体、抗体、细菌毒素等都会影响细胞生长，甚至造成细胞死亡。

（3）批次间易产生较大差异，其成分不能保持一致。

（4）取材过程中可能带入支原体、病毒，对细胞产生潜在影响，可能导致实验失败或实验结果不可靠。

（5）血清的使用使得实验和生产的标准化变得困难，血清中的蛋白质使得某些转基因蛋白生物药品生产中分离纯化工作很难完成。

（6）大规模生产中，血清价格昂贵，是构成动物细胞培养的生产成本的主要部分之一。

（五）血清的质量标准

血清质量高低取决于两方面因素：一是取材对象，二是取材过程。用于取材的动物应健康无病并且在指定的出生天数之内，取材过程应严格按照操作规程执行，制备出的血清要经过严格的质量鉴定。WHO公布的《用动物细胞体外培养生产生物制品规程》要求：牛血清必须来自有文件证明无牛海绵状脑病的牛群或国家，并应具备适当的监测系统。

我国对牛血清的质量在2000年版《中国生物制品主要原辅料质控标准》中提出了比较严格的标准要求，包括蛋白质含量、细菌、真菌、支原体、牛病毒、大肠杆菌噬菌体、细菌内毒素，支持细胞增殖检查。

血清质量的鉴定一般包括以下几个方面：

（1）理化性质　如渗透压、pH值、蛋白电泳图谱、蛋白含量、激素水平、内毒素等。优质的血清应为淡黄色、透明液体，蛋白含量包括血清总蛋白含量（不低于$35\sim45$g/L）、球蛋白含量（应小于$20$g/L）、血红蛋白含量等。其中球蛋白含量是一项非常重要的指标，血清中球蛋白主要是抗体，球蛋白含量越低，血清质量越高。血红蛋白也是越低越好。

（2）微生物检测　包括细菌、真菌、支原体、病毒等的检测，特别是对支原体、病毒的检测。支原体是一种很小的微生物，可通过孔径$22\mu m$的滤膜。支原体、病毒污染在光学显微镜下难于察觉，细胞也能生长繁殖，会影响实验结果。检测支原体的方法很多，如培养法、PCR法、荧光染色法、电镜观察法等。

（六）血清的使用与储存

正确使用及保存血清，才能使血清发挥应有的作用。

（1）使用前处理　大部分血清在使用前必须灭活处理（56℃，30min）。灭活的目的主要是去除血清中的补体成分，避免补体对细胞产生毒性作用。血清经过灭活也会损失一些对细胞有利的成分，如生长因子，因此也有人提出血清不经灭活直接用于培养，这样做的前提是确认血清中不含补体成分。对于一些品质高的胎牛血清和新牛血清可以考虑不经灭活直接用于细胞培养。

（2）储存条件　血清一般储存于-20℃，同时应避免反复冻融。购买大包装的血清后，首先要灭活处理，然后分装成小包装，储存于-20℃，使用前融化。融化时最好先置于4℃。融化后的血清在4℃不宜长时间存放，应尽快使用。

（3）使用浓度　自从有了合成培养基，血清就是作为一种添加成分与合成培养基混合使用，使用浓度一般为5%～20%，最常用是10%。过多血清容易使培养中的细胞发生变化，特别是一些二倍体的无限细胞系，迅速生长之后容易发生恶性转化。采购血清时，最好先从供应商处索取样品进行试验，选定一批后就要保留足够使用6个月至1年的量，直至用另一批经过预先试验的样品代替。

## 二、血浆

血浆含有白蛋白、球蛋白及其它营养成分，曾广泛应用于早期的细胞培养，但易发生液化，现很少单独使用。现常用的鸡血浆是最早使用的天然培养基，其激素含量少，血钙含量较稳定，易于采取。

鸡血浆制备：

（1）选取生长 1 年左右、健壮的雄鸡，采血前一天禁食，多喂水。

（2）配制浓度 200mg/L 生理盐水肝素液，高压灭菌或滤过除菌，每小瓶中分装 0.5mL，储存在 4℃冰箱中备用。

（3）鸡翅静脉或心脏采血　取 20mL 无菌注射器，先吸入肝素液少许，湿润注射器内壁后，翅静脉或心脏采血 10mL，立即注入离心管中，摇匀。

（4）分离血浆　3000r/min 离心 10min 后吸出上清血浆，分装入小瓶中，－20℃冰箱储存备用。

## 三、鸡胚浸出液

鸡胚浸出液是早期动物细胞培养中应用的天然培养基，用于组织培养中的生长因子补充，现已被合成培养液所代替，但在某些研究中仍有一定应用价值。

鸡胚浸液的制备：

（1）选取孵育至 9～12 日龄的鸡胚，置于小烧杯中，令气室端向上，用碘酒和酒精消毒蛋壳。

（2）用消毒剪剪除气室端蛋壳，小心拨开尿囊膜，取出鸡胚置入平皿中。

（3）去掉胚眼、血块、尿囊膜等物，用 BSS 冲洗鸡胚。

（4）将鸡胚置入烧杯中，用剪刀剪碎胚体，再用组织研磨器研磨；或放入 20～50mL 注射器中（无针头）直接压挤入无菌小烧杯中。

（5）加入等量的 Hank's 液，用吸管轻轻吹打均匀，密封后置 37℃温箱中 30min。

（6）3000r/min，离心 30min，无菌取上清分装入小瓶中，－20℃保存；用前再离心一次，取上清使用。

## 四、水解乳蛋白

水解乳蛋白为乳白蛋白经蛋白酶和肽酶水解的产物，含有丰富的氨基酸，可为细胞生长提供多种营养成分、贴壁因子及生长因子类似物等，是常用的天然培养基，可用于许多细胞和原代细胞的培养。

水解乳蛋白是一种淡黄色粉末状物质，目前国内使用的主要以美国 Hyclone 和 Gibco 产品为主。不同品牌的产品在多肽含量、氨基酸含量和营养成分上有一定的差别。通常使用 Hank's 液配置成 0.5% 的溶液，与合成培养基按 1：1 比例共同使用。

配制方法：称取 0.5g 水解乳蛋白粉末，使用少于 100mL 的 Hanks 液将其调成糊状，在用 Hank's 液补足至 100mL，室温放置 1～2h，搅拌使水解乳蛋白充分溶解，过滤分装，高压灭菌（115℃，20min），4℃保存备用。

目前在生产中主要用于低鼠肾细胞等细胞的培养和维持。但是水解乳蛋白的使用也给生物制品的生产带来一定的风险。来源于动物，有可能携带污染源，包括病毒和有毒物质，这对于生长的细胞会带来一定的风险。其次水解乳蛋白及含有动物组分培养基的使用，使生物制品下面的处理变得复杂，这对于蛋白质药物显得更加重要。因为从动物细胞中生产生物药品，其面临的最大困难就是如何去除内源或同源蛋白。不确定的成分，像动物肽类物质的引入，势必会增加提取、分离、纯化的步骤，一方面使成本提高，另一方面也会影响生物制品的产量和质量。

## 五、胶原

胶原是细胞生长良好的天然基质，它是从动物特定组织中用人工法提取出的，利于组织和细胞的固定。胶原能改善细胞表面性质，促细胞生长。胶原可来自大鼠尾腱、豚鼠真皮、牛真皮、牛眼水晶体等，其中以鼠尾胶原最为常用和制备简便，可配制成 $0.1\% \sim 1\%$ 的醋酸溶液。

（一）鼠尾胶原的制备

（1）取体重 250g 左右大白鼠一只，从尾根部切断鼠尾，置 75% 酒精中浸泡 30min；无菌条件下将鼠尾切成 1.5cm 的小段，剔除皮毛，抽出尾腱置平皿中。

（2）取 1.5g 剪碎的尾腱浸入 150mL 醋酸溶液（0.01～0.25mol/L），置 4℃ 冰箱中，并不时摇动，48h 后，移入灭菌离心管中。

（3）以 4000r/min，离心 30min，吸取上清液，高压灭菌后分装入小瓶中，－20℃ 保存。

（二）鼠尾胶原的使用方法

（1）用吸管吸少许胶原涂于灭菌培养瓶内壁培养面上，不宜太厚，以倾斜瓶时不流动为准。

（2）向培养瓶内通以氨气后封上瓶盖，或用浸有氨水的棉球堵塞瓶口（或不用氨气处理，而是置 37℃ 温箱过夜；

或置室温 48h，再用无菌蒸馏水冲洗晾干亦可），作用 30min，待胶原凝固，然后用无菌生理盐水冲洗、晾干，即可使用。

# 第四节　合成培养基

合成培养基是根据天然培养基的成分，用化学物质模拟合成、人工设计、配制的培养基。它组分稳定，主要包括糖类、必需氨基酸、维生素、无机盐类等，是一种理想的培养基。自 1950 年 199 细胞培养基问世以来，合成细胞培养基发展至今已有几十种，目前已经成为一种标准化的商品，从最初的基本培养基发展到无血清培养基、无蛋白培养基，并且还在不断发展。合成培养基的出现极大地促进了组织培养技术的普及发展。

## 一、基本组分

基本培养基包括四大类物质：无机盐、氨基酸、维生素、碳水化合物。

无机盐：$CaCl_2$、$KCl$、$MgSO_4$、$NaCl$、$NaHCO_3$、$NaH_2PO_4$。对调节细胞渗透压，某些酶的活性及溶液的酸碱度都是必需的。

氨基酸：缬氨酸、亮氨酸、异亮氨酸、苏氨酸、赖氨酸、色氨酸、苯丙氨酸、蛋氨酸、组氨酸、酪氨酸、精氨酸、胱氨酸（L 型）。它们都是细胞用以合成蛋白质的必需原料，不能由其它氨基酸或糖类转化合成。除此之外，还需要谷氨酰胺。谷氨酰胺具有特殊的作用，对细胞的培养特别重要，能促进各种氨基酸进入细胞膜；它所含的氮是核酸中嘌呤和嘧啶的来源，还是合成一磷酸腺苷、二磷酸腺苷和三磷酸腺苷的原料。细胞需要谷氨酰胺合成核酸和蛋白质，谷氨酰胺缺乏可导致细胞生长不良甚至死亡。在配制各种培养液中都应补加一定量的谷氨酰胺。值得注意的是：谷氨酰胺在溶液中很不稳定，故 4℃下放置 1 周可分解 50%，使用中最好单独配制，置－20℃冰箱中保存，用前加入培养液中。

维生素：是维持细胞生长的一种生物活性物质，在细胞中大多形成酶的辅基或辅酶，对细胞代谢有重大影响。脂溶性维生素（维生素 A、维生素 D、维生素 E、维生素 K）常从血清中得到补充。水溶性维生素包括生物素、叶酸、烟酰胺、泛酸、吡哆醇、核黄素、硫胺素和维生素 $B_{12}$。维生素 C 也是不可缺少的，对具有合成胶原能力的细胞更为重要。

碳水化合物：是细胞生命的能量来源，有的是合成蛋白质和核酸的成分。主要有葡萄糖、核糖、脱氧核糖和丙酮酸钠等。体外培养动物细胞时，几乎所有培养基或培养液中都以葡萄糖作为必含的能源物质。

葡萄糖和谷胺酰胺的合理使用：乳酸是葡萄糖不完全氧化的产物。研究表明，体外培养条件下 95% 的葡萄糖转变为乳酸，这降低了营养物质的代谢效率，降低培养基 pH 值，增加渗透压。在氧气供给不足的情况下，NADH 转运系统苹果酸-天冬氨酸穿梭系统活性低而不能将糖酵解产生的 NADH 氧化磷酸化为 $NAD^+$，细胞只得以降低能量需求的方式如激活乳酸脱氢酶将糖酵解产生的丙酮酸与 NADH 反应生产乳酸和 $NAD^+$，从而保证了糖酵解的顺利进行。

另一个可能的解释是连接糖酵解与三羧酸循环的特异性酶（如丙酮酸脱氢酶复合物、磷酸丙酮酸羧化酶激酶和丙酮酸羧化酶）活性低下，直接导致糖酵解与三羧酸循环的失衡。因此体外培养条件下，葡萄糖主要经糖酵解降解，产生过量的乳酸。减少乳酸生产最常用的方法是限制培养基中葡萄糖的含量，但葡萄糖含量过低可造成细胞营养供应不足，细胞生长抑制。该方法需要对葡萄糖的消耗与需求、乳酸的生产速率以及目的蛋白的表达量等参数进行综合考虑方可应用。

在目前常用的培养基中，葡萄糖和谷氨酰氨是体外培养动物细胞的主要能源，其能量代谢通路与体内完全不同，表现为葡萄糖主要经糖酵解途径为细胞提供能量，谷氨酰胺大部分通过不完全氧化途径，另一小部分通过完全氧化为细胞供能。因此，适当地调整细胞内的代谢途径，使之能促进细胞的快速生长和产物合成，同时减少代谢抑制物的生成是行之有效的一种策略。

许多动物细胞如 CHO、BHK 和杂交瘤细胞对营养物质葡萄糖和谷氨酰胺的消耗利用很快。然而对于细胞生长而言，二者的快速利用并非细胞必需；相反，相当一部分转化为代谢废物乳酸和氨，以及一些非必需氨基酸如丙氨酸、脯氨酸。其中，乳酸和氨是两种主要代谢废物，其积累可影响细胞生长以及产品质量。减少这两种代谢产物的积累，是大规模细胞培养技术研究的重要方向。

氨是由谷氨酰胺和天冬酰胺产生的。限制培养基中谷氨酰胺的含量亦是减少氨生成的常用方法。

除了以上与细胞生长有关的物质以外，培养基中一般还要加入酚红（当溶液酸性时 pH 值小于 6.8 呈黄色；当溶液碱性时 pH 值大于 8.4 呈红色）、一种 pH 指示剂。

在较为复杂的培养液中还包括核酸降解物（如嘌呤和嘧啶两类）以及氧化还原剂（如谷胱甘肽）等。有的培养液还直接采用了三磷酸腺苷和辅酶 A。

## 二、常用细胞培养基

由于细胞种类和培养条件不同，适宜的合成细胞培养基也不同，在动物细胞培养中最常用基础细胞培养基有多种，如 BME、MEM、DMEM、HAMF12、PRMI 1640、199等。由于天然培养基的一些营养成分不能被合成细胞培养基完全替代，因此一般需在合成细胞培养基中添加 5%～10%的小牛血清。小牛血清的加入对细胞培养非常有效，但小牛血清的成分复杂，对培养产物的分离纯化和检测会带来一定的不便，为减少小牛血清的影响，开发了营养成分更加丰富的低血清细胞培养基，可以将小牛血清的使用量降低到1%～3%。还有在合成培养基的基础上发展起来的无血清培养基、无蛋白培养基等。

（一）基础培养基

（1）基础细胞培养基的主要成分　包括氨基酸、维生素、碳水化合物、无机盐和其它一些辅助物质。氨基酸是组成细胞蛋白质的基本单位。不同的细胞对氨基酸的需求各异，但几种必需氨基酸细胞自身不能合成，必须依靠培养液提供，即必需氨基酸，如组氨酸、异亮氨酸、亮氨酸、赖氨酸、蛋氨酸、苯丙氨酸、苏氨酸、色氨酸、缬氨酸、半胱氨酸、酪氨酸等。其余为非必需氨基酸，细胞可以自己合成，或通过转氨作用由其它物质转化而来。例如：在 BHK21 细胞低血清培养时，为增加培养基的营养成分，除了增加必需氨基酸的含量外，还应增加非必需氨基酸的种类，并应根据 BHK21 培养和代谢的特点，均衡各种氨基酸的比例，有效降低代谢有害物的积累，从而提高 BHK21 细胞低血清培养的效果。在细胞培养基中，谷氨酰胺对 BHK21 细胞低血清培养至关重要。谷氨酰胺是作为能源及碳源物质同时被细胞利用，也是细胞合成核酸和蛋白质必需的氨基酸，在缺少谷氨酰胺时，细胞生长不良而死亡，同时谷氨酰胺还能促进细胞的良好贴壁性，在缺乏谷氨酰胺时，经消化处理的细胞无法正常贴壁生长。因此，谷氨酰胺可提高 BHK21 细胞低血清培养的效果。同时应注意到多余的谷氨酰胺对细胞培养的危害性，高含量的谷氨酰胺会导致氨的积累，影响细胞正常生长。

（2）常用基础培养基分类

① 199 细胞培养基　1950 年由 Morgan 等设计，含有 53 种成分，添加适量的血清后，可用于多种细胞培养。改良 199（HB）细胞培养基主要应用于 Vero 细胞、鼠肾细胞培养生产狂犬病、乙型脑炎疫苗等，具有高缓冲性能，能够有效提高病毒滴度。

② 基础 Eagle 细胞培养基（Basal Medium Eagle，BME）　1955 年由 Harry Eagle 设计，含有 12 种氨基酸、谷氨酰胺和 8 种维生素，简单，便于添加，适于各种传代细胞系和特殊研究用，在此基础上改良的细胞培养基有 MEM、DMEM、IMEM 等。

③ 低限量 Eagle 细胞培养基（Minimal Essential Medium，MEM）　1959 年，Harry Eagle 在 BME 细胞培养基的

基础上减去了赖氨酸、生物素，增加了氨基酸浓度。适合各种单层细胞生长，是一种最基本、适用范围最广的培养基。

目前，MEM 细胞培养基有含有 Earle's 平衡盐和 Hank's 平衡盐；有高压灭菌型、过滤灭菌型；还有含有非必需氨基酸。可以根据实际需要选择合适的 MEM 细胞培养。

④ DMEM 培养基　DMEM 培养基是由 Dubecco 改良的 Eagle 培养基，分为低糖（1000mg/L）和高糖（4500mg/L）类型。附着力稍差的肿瘤细胞克隆培养用高糖的效果好。

⑤ 改良型 DMEM 培养基　改良型 DMEM 培养基是一种广泛使用的基础培养基，在培养哺乳动物细胞过程中使用本培养基可减少胎牛血清的使用量。与典型的 DMEM 相比，血清使用量可以减少 50%～90%，而生长速度或形态没有变化。

⑥ IMDM 培养基　IMDM 培养基是由 Iscove's 改良的 Eagle 培养基，增加了几种氨基酸和胱氨酸量。可用于杂交瘤细胞培养，以及无血清培养的基础培养基。

⑦ RPMI 1640 培养基　Moore 等于 1967 年于 Roswell Park Memorial Institute 研制，是针对淋巴细胞培养设计的，包含 21 种氨基酸和 11 种维生素等，广泛适用于许多种正常细胞、肿瘤细胞和悬浮细胞的培养。

⑧ Fischer's 培养基　用于白血病微粒细胞培养。

⑨ HamF10、HamF12 培养基　1963 年、1969 年由 Ham 设计，含微量元素，可在血清含量低时使用，适用于克隆化培养。HamF10 适用于仓鼠细胞、人二倍体细胞培养，HamF12 适用于 CHO 细胞培养。

⑩ DMEM/F12 培养基　DMEM 和 F12 培养基按照 1∶1 比例混合效果最佳，营养成分丰富，且可以使用较少血清，或作为无血清培养基的基础培养基。

（3）常用基础培养基成分　常用的培养基都含有维持细胞生存最基本的氨基酸、维生素、碳水化合物、无机盐离子等成分，但不同培养基所含的成分和含量有一定差异。

## （二）无血清培养基

经历了天然培养基、合成培养基后，无血清培养基和无血清培养成为当今细胞培养领域的一大趋势。采用无血清培养可降低生产成本，简化分离纯化步骤，避免病毒污染造成的危害。

无血清培养基（serum free medium，SFM）是指不需要添加血清就可以维持细胞在体外较长时间生长繁殖的合成培养基。但是它们可能包含个别蛋白或大量蛋白组分。按照其组分分类，还可以分为无动物组分、无血清细胞培养基和化学限定无血清细胞培养基，前者组分中可能含有某些植物来源成分，而后者完全由化学成分明确的组分组成。

虽然基础培养基加少量血清所配制的完全培养基可以满足大部分细胞培养的要求，但对有些实验却不适合，如观察一种生长因子对某种细胞的作用，这时需要排除其它生长因子的干扰作用，而血清中可能含有各种生长因子了。又如需要测定某种细胞在培养过程中分泌某种物质（抗体、生长因子）的能力；或者要大规模培养某种细胞，以获得它们的分泌产物。

目前，已有多种无血清培养基上市，如杂交瘤细胞无血清培养基、CHO 细胞无血清培养基、Vero 细胞无血清培养基和 NSO 细胞无血清培养基等。无血清培养基通常添加生长附加成分，如激素与生长因子、低分子营养成分和转铁蛋白等促细胞生长的附加成分，一般包括胰岛素、孕酮、硒酸钠、腐胺、转铁蛋白等。

（1）无血清培养基的基本配方　基本成分为基础培养基和添加组分两大部分。用于生物制药和疫苗生产的细胞在体外培养时，多数呈贴壁生长或兼性贴壁生长；而当其在无血清、无蛋白培养基中生长时，由于缺乏血清中的各种黏附贴壁因子如纤粘连蛋白、层粘连蛋白、胶原、玻表粘连蛋白，细胞往往以悬浮形式生长。

添加组分包括以下几大类物质：

① 促贴壁物质　许多细胞必须贴壁才能生长，这种情况下无血清培养基中一定要添加促贴壁物质和扩展因子，一般为细胞外基质，如纤连蛋白、层粘连蛋白等。它们还是重要的分裂素以及维持正常细胞功能的分化因子，对许多细胞的繁殖和分化起着重要作用。纤连蛋白主要促进来自中胚层细胞的贴壁与分化，这些细胞包括成纤维细胞、肉瘤细胞、粒细胞、肾上皮细胞、肾上腺皮质细胞、CHO 细胞、成肌细胞等。

② 促生长因子及激素　针对不同细胞添加不同的生长因子。激素也是刺激细胞生长、维持细胞功能的重要物质，有些激素是许多细胞必不可少的，如胰岛素。

③ 酶抑制剂　培养贴壁生长的细胞，需要用胰酶消化传代，在无血清培养基须含酶抑制剂，以终止酶的消化作用，达到保护细胞的目的。

④ 结合蛋白和转运蛋白　常见如转铁蛋白和牛血清白

蛋白。牛血清白蛋白的添加比较大，可增加培养基的黏度，保护细胞免受机械损伤。许多旋转式培养的无血清培养基都含有牛血清白蛋白。

⑤ 微量元素　硒是最常见的。

（2）使用方法　目前，血清仍是动物细胞培养中最基本的添加物，尤其是在原代培养或者细胞生长状况不良时，常常会先使用有血清的培养液进行培养，待细胞生长旺盛以后，再换成无血清培养液。细胞转入无血清培养基培养要有一个适应过程，一般要逐步降低血清浓度，从 10% 减少到 5%、3%、1%，直至完全无血清培养。在降低过程中要注意观察细胞形态是否发生变化，是否有部分细胞死亡，存活细胞是否还保持原有的功能和生物学特性等。在实验后这些细胞一般不再继续保留，很少有细胞能够长期培养于无血清培养基而不发生改变的。细胞转入无血清培养之前，要留有种子细胞，种子细胞按常规培养于含血清的培养基中，以保证细胞的特性不发生变化。

（3）使用无血清培养基的优缺点

① 优点

a. 可避免血清批次间的质量变动，提高细胞培养和实验结果的重复性；b. 避免血清对细胞的毒性作用和血清源性污染；c. 避免血清组分对实验研究的影响；d. 有利于体外培养细胞的分化；e. 可提高产品的表达水平并使细胞产品易于纯化。

② 缺点：主要表现为细胞的适用范围窄，细胞在无血清培养基中易受某些机械因素和化学因素影响，培养基的保存和应用不如传统的合成培养基方便。

（三）无动物源培养基（Animal component free medium，ACFM）

此类培养基是使用蛋白水解物、重组蛋白或其它物质来取代动物源性蛋白。它不仅可以满足细胞生长增殖的需要，还降低了培养基生产成本，提高了重组组蛋白类药物的安全性。目前主要应用于生物药品的研发和生产。

（四）无蛋白培养基（Protein free medium， PFM）

即不含有动物蛋白的培养基。无血清培养基仍含有较多的动物蛋白，如胰岛素、转铁蛋白、牛血清白蛋白等。从生物技术发展的趋势来看，不含动物蛋白的培养基有广泛的应用前景，许多利用基因工程技术重组的蛋白质最终要应用于人体，如果在生长过程中使用了含有动物蛋白质的培养基，纯化过程就比较复杂，最终要达到一定的质量标准也有一定的难度。无蛋白培养基就是为了适应这种发展趋势而出现的，许多无蛋白培养基添加了植物水解物以替代动物激素、生长因子。市场上已有适合多种细胞生长的无蛋白培养基。

（五）限定化学成分培养基（chemical defined medium，CDM）

是指培养基中的所有成分都是明确的，它同样不含有动物蛋白，同样也不是添加了植物水解物，而是使用了一些已知结构与功能的小分子化合物，如短肽、植物激素等。这种培养基更有利于分析细胞的分泌产物。目前已经有适合于293 细胞、CHO 细胞、杂交瘤细胞生长的 CDM 问世，上海恒利安生物科技有限公司生产的水解乳蛋白培养基就属于 CDM。

# 第五节　细胞培养其它常用液

在细胞培养过程中，除了培养基外，还经常用到一些平衡盐溶液、消化液、pH 调整液等。

## 一、平衡盐溶液（Balanced salt solution，BSS）

主要是由无机盐、葡萄糖组成，它的作用是维持细胞渗透压平衡，保持 pH 稳定及提供简单的营养。主要用于取材时组织块的漂洗、细胞的漂洗、配制其它试剂等（详见第二章第二节）。

## 二、消化液

取材进行原代培养时常常需要将组织块消化解离形成细胞悬液，传代培养时也需要将贴壁细胞从瓶壁上消化下来，常用的消化液有胰酶（Trypsin）溶液和 EDTA 溶液，有时也用胶原酶（Collagenase）溶液。

（一）胰酶溶液

胰酶活性可用消化酪蛋白的能力表示，常见的有 1∶125
和 1∶250，即一份胰酶可消化 125 份或 250 份酪蛋白。组织
培养用胰酶溶液一般配制成 0.1％～0.25％浓度，配制时要
用不含 $Ca^{2+}$、$Mg^{2+}$ 及血清的平衡盐溶液（如前面的 D-
Hank's），因为这些物质会对胰酶产生抑制作用。胰酶作用
及溶解的最佳 pH 值是 8～9，配制胰酶溶液应将液体调至
pH8 左右，充分溶解，过滤除菌。过滤后可以再调至
pH7.5，也可不调。

使用细胞清洗液配制胰酶消化液：含 0.5％胰酶的细胞
清洗液（100mL 细胞清洗液加 0.5g 胰酶），过滤除菌，分
装于 4℃保存。

（二）EDTA 溶液

EDTA 溶液也常用来解离细胞，它的作用机制是破坏
细胞间的连接。对于一些贴壁特别牢固的细胞，还可以用
EDTA 和胰酶的混合液进行消化。EDTA 溶液的使用浓度
为 0.02％，配制时应加碱助溶，配制后可过滤除菌，也可
高温消毒灭菌。

（三）胶原酶溶液

胶原酶在上皮类细胞原代培养时经常使用，胶原酶作用
的对象是胶原组织，因此不容易对细胞产生损伤。胶原酶的

使用浓度为 0.1～0.3mg/L 或 200000U/L，作用的最佳 pH 为6.5。胶原酶不受 $Ca^{2+}$、$Mg^{2+}$ 及血清的抑制，配制时可用 PBS。

## 三、pH 调整液

常用的有 HEPES 溶液和 $NaHCO_3$ 溶液。

（1）$NaHCO_3$ 溶液 $NaHCO_3$ 是培养基中必须添加的成分，一般情况下按说明书的要求准确添加，以保证培养基在 5% $CO_2$ 的环境下 pH 达到设计标准。如果是封闭式培养，即不与 5% $CO_2$ 的环境发生交换达到平衡，所使用的培养基就不能按照说明书所要求的加入 $NaHCO_3$。此时常用 5.6% 或 7.4% 的 $NaHCO_3$ 溶液调节培养基，使之达到所要求的 pH 环境。

（2）HEPES 溶液 是一种弱酸，中文名字是羟乙基哌嗪乙硫黄酸，对细胞无毒性，主要作用是防止培养基 pH 迅速变动。在开放式培养条件下，观察细胞时培养基脱离了 5% $CO_2$ 的环境，$CO_2$ 气体迅速逸出，pH 迅速升高，若加了 HEPES，此时可以维持 pH7.0 左右。一般在进行克隆化培养时要添加 HEPES。

## 四、抗生素

常用的是青链霉素，俗称"双抗溶液"。青霉素主要是对革兰阳性菌有效，链霉素主要对革兰阴性菌有效。加入这两种抗生素可预防绝大多数细菌污染。通常使用青霉素终浓度 0.07～0.08g/L，链霉素终浓度 0.1g/L。一般配制成 100倍浓缩液，可用 PBS 或培养基配制。

## 五、谷氨酰胺补充液

谷氨酰胺在细胞代谢过程中起重要作用，合成培养基中都要添加，由于谷氨酰胺在溶液中很不稳定容易降解，4℃下放置 7d 即可分解约 50%，所以都是在使用前添加。配制好的培养液（含谷氨酰胺）在 4℃放置 2 周以上时，要重新加入原来量的谷氨酰胺，故需单独配制谷氨酰胺，以便临时加入培养液内。谷氨酰胺使用终浓度为 0.002mol/L。一般配制为 100 倍浓缩液，即浓度为 200mmol/L（29.22g/L），配制时应加温至 30℃，完全溶解后过滤除菌，分装至小瓶，储存于 -20℃。使用时，在每 100mL 培养液中加入 0.5～2mL 谷氨酰胺浓缩液，终浓度为 1～4mmol/L。

## 六、二肽谷氨酰胺（L-丙氨酰-L-谷氨酰胺）

在细胞培养液中 L-谷氨酰胺是大部分细胞培养基的基本成分；而 L-谷氨酰胺是一种不稳定的氨基酸，在中性水溶液中会自发降解，需要频繁地补加。因而在培养操作过程中，要频繁打开盖子，增加了破坏无菌状态的可能性；过多地追加 L-谷氨酰胺，增加了培养基中氨的毒性水平。

而二肽谷氨酰胺在细胞培养中稳定而不降解，可高压灭菌，释放毒性氨最少。二肽谷氨酰胺在细胞内被氨肽酶所水解，产生 L-谷氨酰胺和 L-丙氨酸；因此在大部分细胞系统中二肽谷氨酰胺就可以像 L-谷氨酰胺一样有效地被利用。二肽谷氨酰胺是最优替代物，它无需适应，既可用于贴壁细胞培养，也适合于悬浮细胞的培养。

# 第三章

## 培养用设施与设备处理

　　细胞培养是一种无菌操作技术，要求工作环境和条件必须保证无微生物污染和不受其它有害因素的影响。细胞培养室的设计原则是防止微生物污染和有害因素影响，要求工作环境清洁、空气清新、干燥和无烟尘。一般无菌操作区应设在室内较少走动的最里侧，常规操作和封闭培养于一室，而洗刷消毒在另一室。目前，超净工作台的广泛使用，很大程度上方便了组织细胞培养工作，并使一些常规实验室有可能用于进行细胞培养。

## 第一节 ▎ 细胞培养实验室

　　细胞培养实验室各环节包括：无菌操作、孵育、制备、清洗、消毒灭菌处理、储藏。其中无菌操作、细胞培养用液配制、细胞孵育和储存区域对环境的要求严格，清洗、包装和灭菌区只需正常实验室环境即可。因此，细胞培养区域的布局可以按照操作类型和洁净要求进行划分。

# 一、无菌操作区

## （一）无菌操作室

无菌操作室应划为三部分：更衣室、缓冲间、无菌操作间。无菌操作间专用于无菌操作、细胞培养。其大小要适当，且其顶部不宜过高（不超过 2.5m），以保证紫外线的有效灭菌效果。无菌室应有空气过滤和温度、湿度控制设备，以保证无菌和恒温、恒湿。

### 1. 理想的无菌操作室应划为三部分

（1）更衣室　供更换衣服、鞋子及穿戴帽子和口罩。

（2）缓冲间　位于更衣间与操作间之间，目的是为了保证操作间的无菌环境，同时可放置恒温培养箱及某些必需的小型仪器。

（3）无菌操作间　专用于无菌操作、细胞培养。其大小要适当，且其顶部不宜过高（不超过 2.5m），以保证紫外线的有效灭菌效果；墙壁光滑无死角以便清洁和消毒。

### 2. 无菌操作间的空气消毒

（1）紫外线灯　紫外线消毒灯发出的波长为 254nm，对微生物的破坏力很强，当利用紫外线杀菌灯照射细菌后，细菌细胞的核蛋白和核糖核酸强烈吸收该波段的能量，从而把其变性，造成细菌死亡。有臭氧杀菌灯是采用高硼料玻璃制成，它发出的紫外线有臭氧产生，臭氧对人体是有害的，但能杀死紫外线照射不到地方的细菌；无臭氧杀菌灯是采用特种玻璃制成，它发出的紫外线能有效杀死病毒，且无臭氧，对人体无害。

（2）空气过滤的恒温恒湿装置 是最安全、杀毒效果最好的装置，但费用较为昂贵。衡量空气洁净度的级别标准如表 3-1。

**表 3-1 洁净室（区）空气洁净度级别表**

| 洁净度级别 | 尘粒最大允许数/m³ | ≥5μm 尘粒数/m³ | 微生物最大允许数/m³ | 沉降菌/皿 |
| --- | --- | --- | --- | --- |
| 100 级 | 3500 | 0 | 5 | 1 |
| 10000 级 | 350000 | 2000 | 100 | 3 |
| 100000 级 | 3500000 | 20000 | 500 | 10 |
| 300000 级 | 10350000 | 60000 | 1000 | 15 |

（3）电子消毒灭菌器 在高压电场作用下，电子管的内外电极发生强烈的电子轰击，使空气电离而将空气中的氧转换成臭氧。臭氧是一种强氧化剂，能同细菌的胞膜及酶蛋白氢硫基进行氧化分解反应，从而靠臭氧气体弥漫性扩散达到杀菌之目的，消毒时没有死角。消毒后空间的残留臭氧只需 $30\sim40min$ 即能自行还原成氧气，空气不留异味，消毒物体表面不留残毒。

## （二）超净工作台

超净工作台操作简单、安装方便、占用空间小且净化效果很好。一般细菌培养室使用的净化工作台主要有两种：侧流式或称垂直式和外流式或称水平层流式工作台。

### 1. 超净工作台工作原理

通常是将室内空气经粗过滤器初滤，由离心风机压入静压箱，再经高效空气过滤器精滤，由此送出的洁净气流以一定的、均匀的断面风速通过无菌区，从而形成无尘无菌的高洁净度工作环境。

（1）侧流式工作台　空气净化后的气流由左或右侧通过工作台面流向对侧，也有的从上向下或从下向上流向对侧，形成气流屏障保持工作区无菌。工作台结构为封闭式。

（2）外流式（水平式）工作台　净化后的空气面向操作者流动，因而外方气流不致混入操作，但进行有害物质的实验操作则对操作者不利。工作台结构为开放式（已少用）。

### 2. 超净工作台的注意事项

（1）净化工作台应安装在隔离好的无菌间或清洁无尘的房间内，以免尘土过多易使过滤器阻塞，降低净化效果，缩短其使用寿命。

（2）新安装的或长期未使用的工作台，工作前必须对工作台和周围环境用真空吸尘器或不产生纤维的工具进行清洁工作，然后再采用药物灭菌法或紫外线灭菌进行灭菌处理。

（3）使用净化工作台前，应先用 75% 酒精擦洗台面，并提前以紫外线灭菌灯照射 30～50min 处理净化工作区内积存的微生物。关闭灭菌灯后应启动风机使之运转两分钟后再进行培养操作。

（4）净化工作区内不应存放不必要的物品，以保持洁净气流流型不受干扰。

（5）注意净化区内气流的变化，一旦感到气流变弱，如酒精灯火焰不动，加大电机电压仍未见情况改变则说明滤器已被阻塞，应及时更换。一般情况下，高效过滤器 3 年更换 1 次。更换高效过滤器应请专业人员操作，以保持密封良好。粗过滤器中的过滤布（无纺布）应定期清洗更换，时间应根据工作环境洁净程度而定，通常间隔 3～6 个月进行一次。

（6）净化工作台使用完毕应及时清理工作台面上的物品并用酒精擦洗台面使之始终保持洁净。

（7）净化工作台应定期进行功能测试，检查净化工作台各项工作指标是否达到要求，例如进行无菌试验，定期检查台面空气的洁净度是否达标。

### 3. 超净工作台的无菌程度检查

超净工作台在消毒处理后，无菌试验前及操作过程中需检查空气中菌落数；取直径约 90mm 平皿，在超净工作台内点燃酒精灯，在酒精灯旁，以无菌操作将平皿半开注入溶化的营养琼脂培养基约 20mL，制成平板，在 30～35℃预培养 48h，证明无菌后将平板 3 个以无菌方式放入超净工作台内，左、中、右各放一个；打开平皿盖，平板在空气中暴露 30min 后将平皿盖盖好，置 30～35℃培养 48h，取出检查。100 级清洁度要求：3 个平皿上生长的菌落数平均不得超过 1 个。

超净工作台应定期请有关部门检查其洁净度，应达到 100 级（一般用尘埃粒子计数仪），检测尘埃粒径≤5μm 的粒数不得超过 3.5 个/L；空气流量应控制在 0.75～1.0m³/s；细菌菌落数平均＜1 个，可根据无菌状况必要时置换过滤器。

## 二、孵育区

本区对无菌的要求虽不比无菌区严格，但仍需清洁无尘，因此也应设置在干扰少而非来往穿行的区域。孵育可在孵箱或可控制温度的温室中进行，温室费用较高，一般实验室多采用孵箱进行。

## 三、制备区

在该区主要进行培养液及有关培养用液体的配制。

## 四、储藏区

主要存放各类冰箱、干燥箱、液氮罐、无菌培养液、培养瓶等，此环境也需要清洁无尘。

## 五、清洗和消毒灭菌区

清洁和消毒灭菌区应与其它区域分开，主要进行所有细胞培养器皿的清洗、准备、消毒及三蒸水制备等工作。

# 第二节 ▌ 细胞培养用仪器及设备

细胞培养实验室除了一般实验室配备的常规设备外，还需要一些特殊的设备,例如细胞观察与计数设备(细胞计数板等)、细胞保存设备(液氮罐等)、移液设备(微量移液器等)和细胞培养的其它相关设备(离心机、纯水系统等)。

## 一、 $CO_2$ 培养箱

$CO_2$ 培养箱是细胞培养的必备仪器,它为细胞提供了一个体外培养的舒适环境。$CO_2$ 培养箱的优点是能够提供进行细胞培养时所需要的一定量的 $CO_2$(常用浓度为 5％),易于使培养液的 pH 保持稳定,适用于开放或半开放培养,主要应用于组织工程、体外受精、神经系统科学、癌症研究和其它哺乳动物细胞研究等。细胞在体外培养时很容易受到各种微生物的感染。因此,$CO_2$ 培养箱内空气必须保持清洁,需定期用紫外线照射或酒精消毒,同时培养箱内应放置盛有无菌蒸馏水的水槽,防止培养液蒸发,保持箱内相对湿度在 100％。

## 二、超净工作台/生物安全柜

细胞培养对无菌环境要求很高,在细胞操作时,一般需要在 100 级空气质量条件下进行,因此超净工作台或生物安全柜就必须配备(详见第三章第一节)。

## 三、纯水系统

细胞培养对水的质量要求较高,细胞培养、细胞培养相关液体的配制用水以及清洗细胞培养器皿用水都必须事先经过严格的纯化处理。培养用水中如果含有一些杂质，即使含量极微，有时也会影响细胞的存活和生长，水中的内毒素直接参与细胞凋亡。内毒素含量越低，对细胞毒性越小，越利于细胞的生长和传代；内毒素含量过高，会直接导致细胞提前老化，甚至导致细胞死亡。用金属蒸馏器制备的蒸馏水，可能会含有某些金属离子，一般不作为培养用水。配制培养用液应使用经石英玻璃蒸馏器三次蒸馏的三蒸水或超纯水净化装置制备的超纯水。

目前有多种纯化方法相结合，可使普通水纯化为纯水和超纯水的纯水装置使用非常灵活方便，有挂壁式、台式，可配储水箱，也可直接用分液枪，还可根据各类实验用水要求选择配置杀菌功能，有效去除 DNA 酶、RNA 酶、蛋白酶等，更有可有效去除热源、内毒素的超滤型纯水装置。

## 四、细胞冷冻储存器

为了保存细胞，特别是不易获得的突变型细胞或细胞株，要将细胞冻存，常用的细胞冷冻储存器是液氮容器。冻存的温度一般为液氮温度（-196℃），在此环境中，一般细胞可以保存 10 年具有活性。根据使用需要分为不同类型和规格。选择液氮容器时需要考虑三个因素：容积大小、取放使用方便、液氮挥发量。液氮容器的大小一般在 25~500L，可以储存 1mL 的安瓿 250~15000 个。液氮温度最低温度可达-196℃，使用时应注意避免冻伤。由于液氮易挥发，需注意观察剩余液氮量，及时补充，避免因液氮不足使细胞受损或死亡。目前有许多智能型细胞冷冻储存器可供选择，可配置有电子控制器的液氮储存器，实现冻存自动化；并可监测液氮水平和样品温度，确保样品温度始终处于设定温度点；可配置报警系统，设置液氮液面、温度、电池、电压、电源等失常情况下报警；同时具备热气体旁路系统，防止高于－130℃的空气进入液氮罐，从而更有效地保护样品，防止容器内升温。另外，可选择液氮供应罐通过连接管给储存罐补充液氮，保证样品安全。

## 五、冰箱

细胞培养实验室必备设备应专用，不得存放易挥发、易燃烧等对细胞有害的物质，且应保持清洁。一般包括普通冰箱、低温冰箱和超低温冰箱。

（1）普通冰箱 储存培养液、生理盐水、Hank′s 液等培养用的物品，可短期保存组织样本。

（2）－20℃低温冰箱 用于储存需要冷冻以保持生物活性以及需长时期存放的制剂，如酶、血清等。

（3）超低温冰箱 细胞的冻存过程需要一系列程序降温，一般 4℃下存放 30min，转入－20℃保持 1h，再转入－70 至－80℃，之后才可以转移到液氮内（－196℃），这时就必须配备一台－86℃的超低温冰箱。一般超低温冰箱保存细胞可达数月，对于不需要长期冻存的细胞，可暂时放于超低温冰箱保存。

## 六、恒温水浴

从液氮或超低温冰箱中取出细胞冻存管需要立即放于

37℃水浴中快速复苏后才传代培养，因此，恒温水浴也是细胞实验室的必备仪器。

## 七、离心机

细胞培养需要离心收集传代细胞，所以需要配置低速的常温离心机，对于后期细胞内容物的分离则需要高速冷冻离心机。

## 八、显微镜

倒置式显微镜是细胞培养实验室日常工作的常规必备设备，主要用于日常了解细胞的生长情况并观察有无污染发生。倒置荧光显微镜系统将传统的光学显微镜与计算机（数码相机）通过光电转换有机结合在一起，不仅可以在目镜上显微观察细胞生长的变化过程，还能在计算机（数码相机）显示屏幕上观看实时动态图像，并能将所需要的图片进行编辑、保存和打印。如资金允许，建议选用配置有照相系统的高品质相差显微镜、解剖显微镜、荧光显微镜、录像系统或缩时电影拍摄装置等，可随时拍摄并记录细胞生长情况。

## 九、高压蒸汽灭菌器

高压蒸汽灭菌器是利用饱和压力蒸汽对物品进行迅速而可靠的消毒灭菌设备，适用于玻璃器皿、金属器械、耐热的液体的消毒灭菌。高压蒸汽灭菌器按照样式大小分为手提式高压灭菌器、立式压力蒸汽灭菌器、卧式高压蒸汽灭菌器等。

## 十、电热烘干箱

热空气消毒箱是利用高温干热对微生物有氧化、蛋白质变性、电介质浓缩而引起中毒等作用，其中主要是通过氧化作用破坏细胞原生质，使微生物死亡，所以在一定的加热时间内可杀死一切微生物；广泛用于玻璃器皿、金属器械等的烘干。

## 十一、特殊设备

细胞培养实验室除了应配备上述常用基本设备以外，如有条件，可添置一些特殊或先进的设备仪器，以便更有效、更精确、更深入地进行实验室工作。例如：

（1）酶联免疫检测仪　可用于进行免疫学测定及细胞毒性、药物敏感性检测等。

（2）旋转培养器　用于某些特殊细胞或需要收获大量细胞的培养。

（3）荧光显微镜　进行荧光染色样本的观察。

（4）流式细胞仪　可更精确及快速地检测细胞。

（5）用于检测细胞培养条件的各种仪器，例如专门为快速分析细胞培养基中主要或关键营养成分、代谢产物及气体含量设计的多功能细胞培养分析仪、手提式 $CO_2$ 浓度测定仪等。

# 第三节 ▌ 细胞培养用器械及器皿

常用细胞培养器皿有培养瓶、培养板、培养皿等。常准备量是使用量的 3 倍，器皿应选择透明度好、无毒、利于细胞黏附和生长的材料，常用一次性聚苯乙烯材料制品或中性硬度玻璃制品。

玻璃培养器皿的优点是多数细胞均可生长，易于清洗、消毒，可反复使用，并且透明而便于观察；缺点是易碎，清洗时费人力。

塑料培养器皿的优点是一次性使用，厂家已消毒灭菌密封包装，打开即可用于细胞培养操作。

（一）常用的器皿

（1）培养瓶　主要用于培养、繁殖细胞。进行培养时培养瓶瓶口加螺旋瓶盖或胶塞，胶塞多用于密封培养。根据培养细胞种类要求不同培养瓶的形态各异，用于细胞传代培养的细胞要求瓶壁厚薄均匀，便于细胞贴壁生长和观察，瓶口要大小一致，口径一般不小于1cm，允许吸管伸入瓶内任何部位。国产培养瓶的规格以容量（mL）表示，如250mL、100mL、25mL 等；进口培养瓶则多以底面积（cm$^2$）表示。

（2）培养皿　供盛取、分离、处理组织或做细胞毒性、集落形成、单细胞分离、同位素掺入、细胞繁殖等实验使

用。常用的培养皿规格有 30mm、60mm、90mm、120mm
等几种。

(3) 多孔培养板　为塑料制品。可供细胞克隆及细胞毒
性等各种检测实验使用。其优点是节约样本及试剂，可同时
测试大量样本，易于进行无菌操作。培养板分为各种规格，
常用的规格有 96 孔、24 孔、12 孔、6 孔、4 孔等。

各种单层生长的细胞在培养器皿中长满时可获得的细胞
数，主要是取决于器皿的底表面积和细胞体积的大小。常用
培养器皿及可获得的细胞数（以 Hela 细胞为例）见表 3-2。

表 3-2　常用的培养器皿及可获得的细胞数

| 培养器皿 | 底面/cm$^2$ | 加培养液量/mL | 可获细胞量/个 |
|---|---|---|---|
| 96 孔培养板 | 0.32 | 0.1 | $10^5$ |
| 24 孔培养板 | 2 | 1.0 | $5×10^5$ |
| 12 孔培养板 | 4.5 | 2.0 | $10^6$ |
| 6 孔培养板 | 9.6 | 2.0 | $2.5×10^6$ |
| 4 孔培养板 | 28 | 5.0 | $7×10^6$ |
| 3.5cm 培养皿 | 8 | 3.0 | $2.0×10^6$ |
| 6cm 培养皿 | 21 | 5.0 | $5.2×10^6$ |
| 9cm 培养皿 | 49 | 10.0 | $12.2×10^6$ |
| 10cm 培养皿 | 55 | 10.0 | $13.7×10^6$ |
| 25cm 塑料培养皿 | 25 | 5.0 | $5×10^6$ |
| 75mL 塑料培养瓶 | 75 | 15～30 | $2×10^7$ |
| 25mL 玻璃培养瓶 | 19 | 4.0 | $3×10^6$ |
| 100mL 玻璃培养瓶 | 37.5 | 10.0 | $6×10^6$ |
| 250mL 玻璃培养瓶 | 78 | 15.0 | $7×10^7$ |
| 2500mL 旋转培养瓶 | 700 | 100～250 | $2.0×10^8$ |

（二）培养操作有关的器皿

（1）吸管 主要分为刻度吸管、无刻度吸管。刻度吸管主要用于吸取、转移液体，常用的有 1mL、2mL、5mL、10mL 等规格。无刻度吸管分为直头吸管及弯头吸管，除可以作吸取、转移液体外，弯头尖吸管还常用于吹打、混匀及传代细胞。

（2）液体储存瓶 用于储存各种配制好的培养液、血清等液体，常用规格有 500mL、250mL、100mL 等几种。

（3）离心管 离心管是细胞培养中使用最广泛的器皿，根据用途不同形态各样，常用于细胞培养的离心管有大腹式尖底离心管和普通尖底离心管两类。前者分别为 50mL、30mL 和 15mL；后者则多为 10mL 和 5mL。

（4）加样器（移液器） 用于吸取、移动液体或滴加样本。可根据需要调节量的大小，吸取准确、方便。尤以微量加样器，可保证实验样品（或试剂）含量精确，重复性良好。目前，可高温消毒的、多通道的各类移液器可供使用者选择，能确保加样准确、快速、方便并且达到无菌要求。

（5）其它用品 有放置试剂或临时插置吸管用的试管架，装放吸管以便消毒的玻璃或不锈钢容器，用于存放小件培养物品便于高压消毒的铝制饭盒或贮槽，套于吸管顶部的橡胶吸头，封闭各种瓶、管的胶塞、盖子，冻存细胞用的安瓿或冻存管，不同规格的注射器、烧杯和量筒以及漏斗，超净工作台使用的酒精灯，供实验人员操作前清洁、消毒手使用的盛有酒精或其它消毒液的微型喷壶等。

（三）培养操作有关的器械

主要用于解剖、取材、剪切组织及操作时持取物件。常用的有手术刀或解剖刀、手术剪或解剖剪（弯剪及直剪），用于解剖动物、分离及切剪组织，制备原代培养的材料；眼科虹膜小剪（弯剪或直剪），用于将组织材料剪成小块；血管钳及组织镊、眼科镊（弯、直），用于持取无菌物品（如小盖玻片）、夹持组织等；口腔科探针或代用品，用以放置原代培养之组织小块。

# 第四节 培养用品的处理

由于细胞培养要求所用仪器要无菌、无害，所以对于培养使用的器械及器皿清洗与消毒的要求较高，所以细胞培养中清洗和消毒灭菌是一个重要的环节。

## 一、培养用品的清洗

在组织培养中，细胞对任何有害物质都十分敏感，因此对新的或用过的培养器皿均需严格清洗。组织培养器皿清洗的要求比普通实验用器皿更为严格，每次实验后器皿都必须及时、彻底清洗，不同的器皿清洗方法和程序也有所不同，必须进行分别、分类处理。

（一）玻璃器皿的清洗

玻璃器皿用于培养细胞、细胞冻存、培养用液的存放等。提供细胞生长的玻璃表面不但要清洁干净，而且要带适当电荷。苛性碱清洗剂会使玻璃表面带的电荷不适于细胞附着，需以 HCl 或 $H_2SO_4$ 中和。清洗玻璃器皿不仅要求干净透明、无油迹，且不能残留任何毒性物质。

步骤：按浸泡→刷洗→浸酸→冲洗四步程序进行。

（1）浸泡　新购进的玻璃器皿常带有灰尘，呈弱碱性，或带有铅、砷等有害物质，故先用自来水浸泡过夜、水洗，然后再用 2%～5% 盐酸浸泡过夜或煮沸 30min，水洗。要领：培养用后的玻璃器皿要立即泡入清水中，使下道刷洗工作能顺利进行。用后的玻璃器皿常带有大量的蛋白质附着，干涸后不易刷洗掉，用后要立即用清水浸泡。

（2）刷洗　用软毛刷、优质洗涤剂，刷去器皿上的杂质，冲洗晾干。要领：浸泡后的玻璃器皿用毛刷沾洗涤剂去除器皿上的杂质、刷洗次数太多，会损害器皿的表面光洁度，洗涤剂有使 pH 上升的趋势，所以宜选用软毛刷和优质洗涤剂。禁止用去污粉，因其中含有砂粒，会严重破坏玻璃器皿的光洁度。特别注意刷洗瓶角部位。酸浸之前要把洗涤剂冲干净。

（3）浸酸　将器皿浸泡于清洁液 24h，如急用也不得少于 4h。清洁液由重铬酸钾、浓硫酸及蒸馏水配制而成，具有很强的氧化作用，去污能力很强。经清洁液浸泡后，玻璃器皿残留的未刷洗掉的微量杂质可被完全清除。

清洁液可配制成三种不同的强度，其成分用量见

表 3-3。

表 3-3　清洁液配制

| 成分 | 弱液 | 次强液 | 强液 |
|---|---|---|---|
| 重铬酸钾/g | 100 | 120 | 63 |
| 浓硫酸/mL | 100 | 200 | 1000 |
| 蒸馏水/mL | 1000 | 1000 | 200 |

细胞培养物品清洗所需配制的清洁液强度通常为次强液。新配制的清洁液呈棕红色，经多次使用、水分增多或遇有机溶剂时为绿色，此时表示清洁液已失效，应废弃而重新配制。

注意事项：

① 选用耐酸塑料桶或不锈钢桶配制为宜。

② 先将重铬酸钾溶于水（用玻璃棒搅拌助溶，有时不能完全溶解）。

③ 缓缓加入浓硫酸，切忌过急，否则将产热而发生危险（不可将重铬酸钾液倒入浓硫酸中）。

④ 由于清洁液的腐蚀性极强，配制与应用时必须小心，并做好防护。

也可配置矽酸钠洗液，矽酸钠洗液较清洁液安全，但价格较贵。

矽酸钠贮存液（×100）配制方法：矽酸钠 80g 加偏磷酸钠 9g 加热溶解在 1L 水中。使用时用水稀释 100 倍，将器皿放入煮沸 20min，冷却后冲洗，再用 2%HCl 浸泡 2h 后，自来水冲洗。

（4）冲洗　先用自来水充分冲洗，吸管等冲流 10min，瓶皿需每瓶灌满、倒掉，反复 10 次以上。然后再经蒸馏水

動物細胞培養技術

漂洗 3 次，不留死角。晾干或烘干備用。對已用過的器皿，凡污染者必先經煮沸 30min 或放 3% 鹽酸中浸泡過夜，未污染者可不需滅菌處理，但仍要刷洗、浸酸過夜、沖洗等。

（二）玻璃濾器的處理

玻璃濾器以燒結玻璃為濾板，固定在玻璃漏斗上。主要用於各種培養用液的過濾除菌，不宜單獨過濾血清等黏稠液體，因容易堵塞濾板小孔。此種濾器只能連接真空泵在負壓條件下抽濾，不能施加正壓。玻璃濾器的清洗工作十分復雜，整個清洗過程約需 1 周，目前已很少使用。其清洗具體方法簡單介紹如下。

① 自來水漂洗：用洗衣粉擦洗（不得使用毛刷），自來水漂洗，滴濾過夜。

② 自來水抽濾 3~5 遍至無白沫，自來水滴濾過液。

③ 清潔液抽濾一遍，清潔液滴濾過夜。

④ 自來水漂洗抽濾 5 遍，自來水滴濾過夜。

⑤ 蒸餾水抽濾 3 遍，蒸餾水滴濾過夜。

⑥ 三蒸水抽濾 2 遍，三蒸水滴濾過夜，漂洗。

⑦ 烤干備用。

（三）膠塞等橡膠類製品的處理

新購置的膠塞等橡膠類產品需先經自來水沖洗→2% NaOH 煮沸 15min→自來水沖洗→2%~5% HCl 煮沸 15min→自來水沖洗 5 次以上→蒸餾水沖洗 5 次以上→蒸餾水煮沸 10min，倒掉沸水讓余熱烘干瓶塞等。或蒸餾水沖洗晾干，整齐摆放于小型金属盒内经 101.3kPa 高压灭菌。

（四）塑料器皿的清洗

组织培养常用的塑料器皿包括各种培养板、培养皿及培养瓶等。这些产品主要为进口的一次性物品，供应商提供给用户时已消毒灭菌并密封包装，打开包装即可使用。由于各种原因，部分实验室因条件限制，仍需经过清洗和消毒灭菌后反复使用。

清洗程序一般为：自来水充分浸泡→冲洗→2％NaOH浸泡过夜→自来水冲洗→2％～5％盐酸浸泡 30min→自来水冲洗→蒸馏水漂洗 3 次→晾干→紫外线照射 30min（或先用75％酒精浸泡、擦拭，再用紫外线照射 30min）。凡能耐热的塑料器皿，最好经 101.3kPa、121℃高压灭菌。

（五）金属器械的清洗

新购进的金属器械常涂有防锈油，先用沾有汽油的纱布擦去油脂，再用水洗净，最后用酒精棉球擦拭，晾干。用过的金属器械应先以清水煮沸消毒，再擦拭干净。使用前以蒸馏水煮沸 10min，或包装好以 101.3kPa 高压灭菌 15min。

二、包装

包装的目的是防止消毒灭菌后再次遭受污染，所以经清洗烤干或晾干的器材，应严格包装后再行消毒灭菌处理。包装材料常用包装纸、牛皮纸、硫酸纸、棉布、铝饭盒、玻璃或金属制吸管筒、纸绳等。包装分为局部包装和全包装两类，前者用于较大瓶皿，一般用硫酸纸和牛皮纸将瓶口包扎好；后者适于较小培养瓶皿、吸管、注射器、金属器械和胶塞等，以下为常用瓶皿、吸管、无菌衣帽等的包装方法，其它物品可参照处理。

① 瓶类：用硫酸纸罩住瓶口，外罩 2 层牛皮纸用绳扎紧。

② 小瓶皿、胶塞、刀剪等器械可装入铝制饭盒或不锈钢容器内，再以牛皮纸包好，绳扎好。

③ 吸管、滴管口用脱脂棉塞上（不要太紧或太松）装入消毒筒内，滤器、滤瓶、橡皮管等都要用牛皮纸包好瓶口等，外罩一层牛皮纸包好，再用包布包好。

④ 无菌衣、帽、口罩，均以牛皮纸或包布包好，绳扎好。

## 三、消毒灭菌

严格的消毒灭菌对保证细胞培养的成功是极为重要的，其方法分为物理法和化学法两类。前者包括干热、湿热、滤过、紫外线及射线照射等，后者主要指使用化学消毒剂等。

（一）干热灭菌

用烘干箱灭菌。一般加热至 160～170℃，保持 2h；或 180℃保持 45～60min。适用于玻璃器皿消毒。干热消毒后的器皿干燥，易于保存。缺点是干热传导慢，可能有冷空气存留于烘干箱内。消毒完毕后不可马上将烘干箱门打开，以免冷空气突然进入，影响消毒效果和损坏玻璃器皿或发生意外事故。

## （二）湿热灭菌

### 1. 高压蒸汽灭菌法

是目前应用最广、灭菌效果最好的灭菌方法。加热时蒸汽不能外溢，容器内温度随蒸汽压的增加而升高，杀菌力也大为增强。通常在 $1.05kg/cm^2$ 的压力下，温度达 $121.3℃$，维持 $15\sim30min$，可杀死包括细菌芽孢在内的所有微生物。根据不同的物品选择不同的压力和时间，一般物品（如布类、金属器械、玻璃器皿等）消毒的要求是 $121℃$，保持 $20min$。一些常规使用的液体的消毒要求为 $121℃$，保持 $15min$；橡胶用品为 $115℃$，保持 $10min$。

电热自动灭菌锅使用方法（以 SANYO Autoclave MLS-3020 为例）：

（1）放气筒加水至 LOW 水平线处，转化细胞时将与高压锅相连的导气管插入放气筒里，然后将放气筒归于原位。

（2）打开高压锅盖，加入蒸馏水至高压锅底的水位线，水位线位于 V 形凹槽的 $1/3\sim2/3$ 处。

（3）打开电源。

（4）设定高压温度及时间，高压锅的温度范围为 $105\sim121℃$，高压灭菌一般采用 $121℃$，保持 $20\sim30min$。

（5）把待高压的物品置于高压锅内，顺时针方向将 exhaust 钮旋至 close 位置。

（6）关闭高压锅盖，旋至显示屏上左上角的红亮点刚出现为止。

（7）按 start 钮，开始高压，在温度达 80℃时显示器开始显示温度，当温度达到所需的设定温度时，在显示屏的左下角有一长形的指示灯闪亮，直到高压时间结束后指示灯灭，此时蜂鸣器报警一声。当压力降至 0 时，蜂鸣器再报警一声。温度降至 80℃时，蜂鸣器报警 10 次。显示屏温度指示消失，此时才可打开锅盖。

（8）关电源，开高压锅盖，取出已灭菌的物品，烘干。

### 2. 煮沸法

可用于注射及某些用具的快速消毒，缺点是湿度太大。1 个大气压下，煮沸的水温为 100℃，一般细菌繁殖体煮沸 5min 即被杀死。细菌芽孢常需煮沸 1～2h 才被杀死。水中加入 2% 碳酸钠，既可提高沸点达 105℃，促进细菌芽孢的杀灭，又可防止金属器皿生锈。

### （三）紫外线消毒

紫外线直接照射消毒是目前各实验室常用的方法之一，主要用于实验室房间里的空气、操作台表面及桌椅等的消毒。6～15m² 最少需要一只紫外灯，高度要在 2.5m 以下，湿度 45%～60%，对杆菌效果好，球菌次之，霉菌、酵母菌最差，实验前应不低于 30min 的照射时间。要使各处达到 0.06μw/cm² 的能量照射，否则影响消毒效果。也可以用紫外线消毒一些塑料培养器皿（如塑料培养皿、塑料培养板等），缺点是消毒有死角。现已有电子灭菌灯可以代替紫外线灯进行实验室的空气消毒。

（四）滤过除菌

适于含有不耐热成分的培养基的除菌，用孔径为 $0.22\mu m$ 微孔滤膜可除去细菌和霉菌等，用此滤膜过滤两次，可使支原体达到某种程度的去除，但不能除去病毒。

滤器可分为抽滤式和加压式。抽滤式滤器与抽滤瓶相连，真空泵抽气形成负压以过滤液体，其效率较差。由于抽气造成负压抽吸，操作使用时要防止倒流而引起污染。因此要注意：避免将出、入管道接错，停止抽气时应使气体缓慢回流，要先用止血钳夹住抽气管再关机，防止气体回流；加压式滤器的容器是密闭的，加入待过滤的液体后，通以气体（常用 $N_2$、$O_2$ 或 $CO_2$）形成压力将液体滤过，效果较好。使用时要注意压力不能过大，不应超过 $0.2kg/cm^2$。另外，由于使用的滤板为石棉，滤过的液体内有时可能混有少许杂质，因此在过滤前应先以少量生理盐水湿润滤板。常用的滤器有以下几种：

（1）微孔滤膜滤器（如 Zeiss 滤器），主要由不锈钢过滤系统、真空系统、机箱和电器等部分组成，中间可夹放 $0.22\mu m$ 滤膜。使用这种滤器的最重要步骤是安装滤膜及无菌过滤过程。如在使用 Zeiss 滤器时，先要用培养用水将滤膜充分润湿，在安装滤膜时可在其上放置一层定性滤纸再固定。

微孔滤膜滤器的清洗较玻璃滤器简单，滤板属一次性，使用后即可弃去，以自来水将金属滤器初步冲洗，洗涤剂刷洗干净，自来水冲净，蒸馏水漂洗 2～3 次。最后超纯水漂洗 1 次，晾干包装。消毒时旋钮不要扭太紧，凡与空气接触部位都要包好（可用牛皮纸、纱布、无纺布等）；高压灭菌后，在无菌环境中立即将旋钮扭紧。过滤除菌结束后，要打开滤器，检查滤膜是否完整，如果滤膜破裂，需重新进行过滤除菌过程。

（2）立式微孔滤器（Millipore Pall）可以选用不同的微孔滤柱体积，因为滤膜的折叠，膜面积显著增大，液体处理量大，而且不容易发生堵塞现象。

（3）玻璃滤器　这种滤器为玻璃结构，以烧结玻璃为滤板固定于玻璃漏斗上。可用于过滤除血清等黏稠液体以外的各种培养液体。只能采用抽滤式。根据滤板孔径的大小，分G1～G6六种规格型号，其中只有G5及G6可用于滤过除菌，一般都使用G6型。其缺点是速度较慢。

目前市场已供应各种一次性滤器，可根据实验需要进行选择，例如可连接在加压蠕动泵上的过滤较多液体的滤器，可直接连接在注射器上过滤较少量液体的针头式滤器、可用于过滤微量液体的微型滤器等。

（五）消毒剂及抗生素

组织细胞培养工作中也可利用消毒剂来进行灭菌处理，消毒剂主要是75%酒精、过氧乙酸、乳酸等化学制剂。可分别用于操作人员的皮肤、实验台、器械、器皿的操作表面，实验室的桌、椅、墙壁、地面及空气等的处理。如75%酒精最为常用，用途也最广泛；0.1%新洁尔灭可对器械、皮肤、操作表面进行擦拭和浸泡消毒；乳酸可用于空气消毒；另外尚有各种用于地面消毒的消毒液（例如三花消毒液、过氧乙酸等）可供选用。

抗生素也常在组织细胞培养中使用，但多数是为了预防。要注意的是不能完全依赖抗生素来达到消毒灭菌的目的。常用的抗生素为青霉素和链霉素。

（六）其它方法

（1）电子消毒器消毒灭菌　使用市售电子灭菌器可消毒不宜高热灭菌的器皿及用物，例如塑料制品等，消毒时间通常为 30min，消毒完毕应及时关闭消毒物品容器。

（2）辐射灭菌　通常采用放射性$^{60}$Co 照射需灭菌的各种不宜高热灭菌的器皿和用具以及部分实验用药物、制剂等。

## 四、消毒方法的选择

组织细胞培养工作中的消毒灭菌方法如上面所述有多种，应根据具体情况选择应用适当的方法。

（一）实验室环境的消毒

实验室中空气的消毒，最理想的是过滤系统与恒温设备结合使用，但价格较昂贵。亦可用紫外线消毒，但安置紫外线灯时要符合要求，且在工作期间不宜在开启的紫外灯下操作。另外尚可用乳酸蒸汽等或电子灭菌灯消毒。实验室的地面多用山花消毒液等消毒液或新洁尔灭溶液等处理。桌椅等亦多用消毒剂消毒处理，最常用的是以酒精擦拭，亦可用紫外线照射。

### （二）培养器械的消毒

多数培养用的器材常用干热或湿热消毒。干热消毒的方法最为简便，凡高温不致损坏的器具如玻璃器皿等，可以干热消毒。湿热时的蒸汽能较快地穿透，热传导较佳，故比干热更有效，对于干热高温会损坏的器材，可采用湿热消毒，如有些器械、液体、橡胶制品、布料等常用高压蒸汽灭菌。有些器械可煮沸消毒，或以消毒剂浸泡；不耐高温的塑料制品，可用消毒剂浸泡或紫外线照射。

### （三）培养用液体的消毒

盐溶液及一些不会因高温破坏其成分的溶液，常采用高压蒸汽消毒。血浆、血清等生物性天然培养基，不能以高压蒸汽消毒，必须用过滤方法除菌，但因较黏稠而不易进行；合成液体培养基则采用过滤的方法除菌。

在组织培养过程中，离体细胞对任何毒性物质都十分敏感。毒性物质包括解体的微生物和细胞残余物以及非营养的化学物质，因此对新采用或重新使用的培养皿等培养用品都要严格清洗和消毒。

# 第四章
## 原代细胞培养技术

### 第一节 ▊ 原代培养基本知识

  细胞是绝大多数生物体（除病毒、朊病毒等）结构和功能的基本单位，亦是生物体生命活动的最小单位。随着 Schleiden 和 Schwann 的细胞学说的建立，以及物理学、化学等学科的理论和技术在细胞生物学研究中的广泛应用，推动了细胞生物学飞速发展。

  细胞培养作为细胞生物学研究的基础和必要手段，泛指细胞、组织的体外培养，其含义是指从生物活体体内获取出组织，在体外模拟生物体内生理环境等特定的条件下，进行孵育培养，使之能够生存并生长。细胞培养现已成为生命科学研究领域中最重要的基础科学之一，在生物学、医学、新药研发等各个领域中被广泛应用中。细胞培养技术包括原代培养和传代培养。原代培养是指对从供体直接分离的组织细胞进行的首次培养，如从皮肤或黏膜中获取培养的上皮细胞或成纤维细胞。原代培养是建立各种细胞系的第一步。原代培养的细胞由于离体时间短，具有二倍体的遗传特性，在一定程度上能反映其在体内的生长特性，所以适用于药物测试、细胞转化等试验研究。原代培养的整个过程包括活体取材、分离提纯、细胞培养、细胞传代和生物学鉴定这几个基本的部分。

## 一、原代细胞的分离方法

从生物活体取得相应的组织材料后，可应用组织块分离法、酶消化分离法或机械刷取法等细胞分离的方法对细胞进行分离。

### （一）组织块分离法

组织块分离法是常用的一种原代细胞培养方法。其具体操作为：剪取活体的器官或组织适量，移入加有 Hank's 液的青霉素瓶中，用 Hank's 液多次漂洗至液体澄清后，用无菌眼科手术剪刀将组织块剪切至 $1mm^3$ 左右；将剪切好的组织块用 Hank's 液反复漂洗干净，吸弃漂洗液，将组织块移入细胞培养瓶中，使其紧紧贴附在瓶底壁上，向瓶内加入适量的细胞培养液，并将培养瓶于 37℃ 温箱静置培养。待周边细胞爬出并形成肉眼可见的生长晕时，贴壁的组织块细胞会逐渐坏死脱落，随培养液的更换而被清除。这种分离方法较简便而且实验成本较低，只需少量组织便可培养出多量细胞。但该方法在分离过程中容易使细胞受到不可逆的机械损坏，导致后续培养中细胞生长缓慢，因此在一定程度上限制了其应用范围。

（二）酶消化分离法

酶消化分离法适用于一些对细胞纯度和活性的要求相对较高的研究。该方法主要应用胰蛋白酶、胶原酶等消化组织块。胰蛋白酶能够破坏细胞基质和黏附蛋白，可有效去除成纤维细胞，并在短时间内得到大量活细胞。胶原酶对胶原蛋白具有较强的消化作用，且作用较温和，因此可联合使用。具体操作为：从活体取出适量组织并剪切成 $1mm^3$ 左右的组织小块后，用 Hank's 洗液反复漂洗直到洗液澄清；吸弃漂洗液，向组织块中加入 3 倍体积的 0.25% 胰蛋白酶液（pH 为 7.4～7.6），并置 37℃ 水浴中振荡消化 30min；除去胰酶后，加入 3 倍体积的 0.2% Ⅱ型胶原酶，37℃ 水浴振荡消化 1.5h，使组织变得疏松、黏稠，进而用吸管吹吸分散细胞并将分散后的细胞悬液经不锈钢滤网过滤，收集滤液，离心弃上清，用适量细胞培养液悬浮并经细胞计数和稀释后分瓶进行培养。

另外，还可采用机械刷取法和 Percoll 分层液密度梯度分离法等方法进行细胞分离。机械刷取法的操作主要为用无菌细胞刷刷取组织表面，以获得目的细胞，再将刷取的细胞或细胞团块收集制成细胞悬液后进行培养。Percoll 分层液密度梯度分离法是用经过处理的硅胶颗粒混悬液与细胞悬液混合并离心。该硅胶颗粒大小不一，并对细胞几乎无毒副作用，因此在离心后可形成连续的密度梯度，根据所需细胞的漂浮密度来选择性地吸取。

## 二、原代细胞的纯化方法

细胞纯化可应用差速离心的方法，使所需细胞与其它杂质分离，从而获得纯度较高的细胞悬液。也可使用筛网分离法，对混淆的细胞悬液先用目数较低的细胞滤网滤去未完全消化的组织块，再用目数较高的细胞滤网滤过，从而获得目的细胞。针对组织块分离的细胞，还可根据细胞贴壁时间的快慢，将提前贴壁的杂质细胞用无菌细胞刮刀刮除；或者在目的细胞未贴壁前，将其转移至另一细胞瓶中进行培养（如上皮细胞培养中除去成纤维细胞）。

## 三、原代细胞培养

将分离纯化后的细胞加入适量细胞培养液并分装标记后，置 37℃、5％$CO_2$ 的细胞培养箱中进行培养。培养液根据目的细胞的需要合理配制，但需注意胎牛血清浓度不宜过高，否则会对细胞产生毒性作用，且培养液中添加双抗溶液以抑制细菌污染。之后逐日观察细胞生长状态及是否有污染存在。若培养液颜色为紫红色，则表示细胞生长不好；颜色为橘红色，则生长状态良好；若颜色变为红色偏黄，则需换液。当细胞基本贴壁成致密单层时则可进行传代培养。

## 四、原代细胞的生物学鉴定

原代细胞的生物学鉴定可从细胞形态学、细胞生长曲线、细胞表面特殊蛋白的标记进行鉴定。可采取免疫荧光法、免疫组化法以及实时荧光定量 PCR 法等。

应用倒置显微镜或电镜对所培育细胞的生物学形态、数目进行观察。形态学观察操作简单，但可靠性较差。或用四唑盐（MTT）比色法检测 OD 值，连续记录 7～10d，以培养时间为横坐标，OD 值为纵坐标绘制生长曲线，并观察曲线是否符合细胞生长规律。

不同细胞表面存在其特异的标志蛋白，如成纤维细胞膜表面不能表达上皮细胞角蛋白 18，但却能够表达波形蛋白，而上皮细胞不能表达波形蛋白。因此，根据这种差异可用免疫组织化学法或免疫荧光染色法鉴定。另外，小肠上皮细胞可特异性表达 E-钙黏蛋白、肠肽酶和碱性磷酸酶，因此可应用 RT-PCR 进行检测。而碱性磷酸酶作为肠上皮细胞微绒毛的标志性酶，可利用对其染色来准确鉴定肠上皮细胞。而细胞活性进行鉴定时，可应用台盼蓝染色的方法。死亡细胞由于其细胞膜结构被破坏可被台盼蓝染成蓝色，而正常细胞则无法被该染料染色，通过倒置显微镜观察、计数活细胞和死亡细胞数目，进而可估算出目的细胞的活性。

## 五、注意事项

### （一）无菌操作

由于离体细胞没有免疫防御系统，因此，在细胞培养过程中一定要谨记无菌操作。无菌操作要注意三个方面：工作环境的无菌操作、实验器具的无菌处理、实验者的操作技术。

首先对细胞工作间要提前进行紫外线消毒，层流超净台也需日常消毒，常使用75％乙醇或10％新洁尔灭擦洗。细胞培养所需的吸管、细胞培养瓶、各种溶液等都需灭菌处理。最后，在进行细胞培养时，要注意操作细节。各种瓶子仅允许在超净工作台中打开，瓶盖应盖顶朝下。培养箱也应定期进行消毒处理，常采用加热处理或用75％乙醇擦洗；培养箱中的托盘始终用饱和浓度的磷酸氢二钠液体浸泡，以达到盘中的高盐浓度，既能使细菌不生长，又能保证湿度。为了防止交叉污染，超净工作台中最好只进行一种细胞系的处理。

（二）培养液的配制

培养液要根据具体需要合理配制，对大多数细胞而言，pH值应在7.2～7.4。配制好的培养液应取样，置37℃、5％$CO_2$的培养箱中72h，确定无污染后方可使用。同时要注意所使用的血清的批次，因为不同批次的血清对细胞生长的支持能力也不同。培养液中所加的胎牛血清可促进细胞生长增殖，但如果血清浓度过高，会对细胞产生毒性，影响细胞生长。如10％胎牛血清的培养液对小鼠肺细胞的生长促进作用最强，而浓度高于10％时则会抑制细胞生长；而在培养上皮细胞时，若采用10％胎牛血清的细胞培养液，则使成纤维细胞等杂细胞成为优势细胞，而降低上皮细胞的纯度；若采用2.5％胎牛血清的细胞培养液，则既可促进上皮细胞增殖，又可抑制成纤维细胞等杂细胞的生长。

（三）原代细胞的分离方法

（1）采用组织块分离法时，在培养箱中可将培养瓶先倒置培养，待组织块紧贴瓶壁后再正置培养，以便更好地促进组织块贴壁生长。

（2）采用酶消化分离法时，对胰蛋白酶的消化条件要准确把握。胰蛋白酶在 pH8.0、37℃时作用力最强，若时间、温度等把握不当，可对细胞造成损伤。因此，在新条件下使用胰蛋白酶时应进行预实验，以确定最佳消化条件。另外可选择胰蛋白酶-胶原酶或胰蛋白酶-EDTA 制剂消化，联合使用可使消化范围增加，且作用温和、毒性较小。

# 第二节　上皮组织细胞的培养

上皮组织覆盖在动物机体外表面或内部管腔表面，由大量紧密排列的细胞和少量细胞间质组成，具有屏障保护作用、吸收作用和分泌作用。上皮组织的细胞形态较为规则，有扁平鳞状、正方形或柱状等。如肠道上皮细胞为单层状，肾和膀胱中的过渡性上皮细胞为特殊的复层上皮细胞。上皮细胞是许多器官（如肝、胰、乳腺等）的功能成分，又是多数癌细胞的起源，所以，上皮细胞的培养具有十分重要的意义。

通过原代培养成功地获取上皮细胞取决于多种因素，包括培养液的合理选择、生长因子的应用以及细胞生长基质的选择等。上皮细胞的培养过程中常有成纤维细胞混杂其中，同时上皮细胞又难以在体外长期生存，因此纯化和延长生存时间是培养的关键。从新生动物和幼龄动物中获取细胞并建立细胞系比用成年及年老动物较为容易。上皮细胞可以分为呼吸系统上皮细胞、消化系统上皮细胞、腺上皮细胞等，下面以小肠上皮细胞为例来介绍上皮细胞的原代培养。

## 一、试剂与器材

### （一）试剂

（1）DMEM 培养基、胎牛血清、PBS 缓冲液、青霉素-链霉素、二硫苏糖醇（DTT）、Ⅺ型胶原酶、中性蛋白酶。

（2）培养液 A（DMEM-A）　按 DMEM 培养液说明配制，并添加青霉素 200IU/mL、链霉素 200mg/L。

（3）培养液 B（DMEM-B）　按 DMEM 培养液说明配制，并添加胎牛血清，青霉素 100IU/mL、链霉素 100mg/L。

### （二）器材

超净工作台、离心机、细胞培养瓶、吸管、锥形离心管、$CO_2$ 培养箱、倒置显微镜、小型手术器械。

## 二、原代细胞的分离和纯化

### （一）细胞的分离

取 18 日龄鸡胚，用 75％酒精擦拭其外壳，然后用解剖器械取出肠组织；无菌条件下用 PBS 缓冲液分别清洗数次，再将小肠剪成 8～10cm 截段，分别用注射器吸取 PBS 缓冲液从一端向另一端缓慢冲洗，反复进行冲洗直至将肠内容物全部冲洗出，再用 DMEM-A 液清洗数次，直至洗液清亮；剔除肠系膜，用眼科剪纵向剪开肠管，先用 PBS 缓冲液，后用 DMEM-A 液将各小肠段冲洗数次，再将小肠截段浸泡在含二硫苏糖醇的 PBS 缓冲液（10mmol/L）中，37℃振荡孵育 5min，以便去除黏膜表面的黏液，最后弃上清。

用无菌眼科剪刀将肠组织剪成肉眼可见的组织块，用 DMEM-A 液静置清洗 1～2min，弃上清。继续剪碎，将肠组织剪成小于 $1mm^3$ 的碎块，再转移至 50mL 的离心管中加 DMEM-A 液清洗，用移液管反复吹打，弃去上清液，重复洗数次，直至上清液澄清。离心弃除上清液后，加入 300U/mL 的 XI 型胶原酶和 0.1mg/mL 的 I 型中性蛋白酶混合液，37℃水浴，80r/min 联合消化 25min；待消化完成后 1000r/min 离心 10min；弃去消化液，沉淀用 DMEM-A 液悬浮，静置 5min，用吸管小心吸取上清液，如上述操作重复 3 次，所得细胞上清液收集于同一支离心管中，经 1000r/min 离心 10min 后，将细胞沉淀悬浮于 DMEM-B 液中，并于 37℃、5％ $CO_2$ 培养箱中培养。

（二）细胞的纯化

细胞纯化时，主要除去混杂其中的成纤维细胞。由于成纤维细胞比正常上皮细胞的生长速度快，并且贴壁也比上皮细胞要早，因此可采用差速贴壁法反复进行纯化。即用含 10％胎牛血清的 DMEM 完全培养液将沉淀细胞悬浮，置

37℃孵育1h，使成纤维细胞贴壁。然后，将细胞瓶中培养基吸取至离心管中，离心处理后，用含2%胎牛血清的DMEM完全培养液悬浮细胞继续培养。

## 三、肠上皮细胞的鉴定

常用的鉴定方法有碱性磷酸酶染色法、免疫细胞化学法及电镜法等。首先在倒置显微镜下观察细胞形态和生长状况，但仅在倒置显微镜下观察不能确定为肠上皮细胞。肠上皮细胞微绒毛是其典型特征，可将培养的肠上皮细胞经过消化、离心，用2.5%戊二醛磷酸缓冲液固定，制成超薄切片，并用醋酸铀和柠檬酸铅染色后，通过透射电镜观察肠上皮细胞的形态和结构。

组织化学法鉴定时，可采用碱性磷酸酶活性显色。肠上皮细胞具有的碱性磷酸酶是肠上皮细胞微绒毛的标志性酶，利用碱性磷酸酶染色法可准确鉴定肠上皮细胞。其过程主要为：用Hank's液洗细胞3次后用预冷的丙酮固定细胞，然后将固定的细胞置入酶促反应基质液（2%巴比妥钠5mL，3% β-甘油磷酸钠5mL，2%氯化钙10mL，2%硫酸镁5mL，蒸馏水25mL，pH9.4）孵育40min，再经蒸馏水洗涤后，置入2%硝酸钴溶液5min，蒸馏水洗涤，再置入2%硫化铵溶液5min，蒸馏水洗涤，最后经过1%伊红复染、水洗、干燥、封固。在油镜下观察，计数肠黏膜上皮细胞（IEC）并计算IEC所占百分数。

免疫细胞化学法是指用带显色剂标记的特异性抗体在组织细胞原位通过抗原抗体反应和组织化学的呈色反应，对相应抗原进行定性、定位、定量测定的一项新技术。采用细胞角蛋白结合上皮细胞表面的特异性抗原，可准确鉴定肠上皮细胞。如对奶牛小肠上皮细胞角蛋白 18 的鉴定。将奶牛小肠上皮细胞用 4% 多聚甲醛固定、3% 的马血清室温封闭，加奶牛小肠上皮细胞角蛋白 18 的单克隆抗体，置 4℃ 冰箱过夜孵育。再用 FITC 标记的羊抗鼠二抗，室温避光孵育，最后 DAPI 室温避光染色，封片后并应用荧光显微镜观察。

## 四、注意事项

（一）分离、纯化过程

（1）原代细胞纯化时，除用上述方法外，还可使用筛网分离法，即可用筛网或尼龙布过滤细胞。

（2）在体外培养肠上皮细胞时，多可采用胰酶、胶原酶或几种酶混合的消化方法。胰酶可以断开赖氨酸或精氨酸相连的肽键，使细胞间糖蛋白及黏蛋白被去除，从而使细胞分离。不同动物的肠上皮细胞可能对胰酶的敏感性不同，若胰酶的使用浓度过大，则会对细胞产生较大的损伤，导致细胞的贴壁率降低。胶原酶的主要作用是使细胞间质的脯氨酸多肽水解，从而使细胞离散。其消化的是细胞间质而不是细胞表面，因此对细胞膜不会造成损伤，也就不会影响细胞的存活率及贴壁率，但耗时较长。

（二）血清的应用

（1）肠上皮细胞作为贴壁生长细胞，在离体培养时，细胞生长基质也至关重要。例如，提前 24h 用 20％胎牛血清包被细胞培养瓶可以促进细胞贴壁生长，或在细胞培养瓶中用胶原酶涂膜后，也可有效促进细胞贴壁。

（2）在细胞培养液中加入胎牛血清时，要注意对血清浓度的合理控制。如果胎牛血清浓度过高，则对细胞产生毒性，影响细胞生长。采用差速贴壁法反复进行细胞纯化时，先用含 10％胎牛血清的细胞生长液培养，使成纤维细胞等杂细胞成为优势细胞，降低肠上皮细胞纯度。再采用含 2％胎牛血清的细胞培养液，既可促进肠上皮细胞增殖，又可抑制成纤维细胞和平滑肌细胞等杂细胞的生长。

（三）细胞鉴定

用组织化学法鉴定肠上皮细胞时，要注意刚分离的上皮细胞其碱性磷酸酶活性最强，但随着时间的延长，其活性将会降低。因此，用该方法鉴定时，一定要把握好时间。

# 第三节 ▎ 结缔组织细胞的培养

结缔组织由少量的细胞和大量的细胞间质构成。其细胞数量少，但种类多，形态各异，分布无极性。结缔组织的细胞间质十分丰富，基质中有大量的不同性质的纤维，包括胶原纤维、弹性纤维和网状纤维。组织内含有丰富的淋巴管、血管及神经。结缔组织均来源于胚胎时期的间充质，其在动物体内分布广泛，不与外环境直接接触，具有连接、支持、营养、防御和修复等功能。

结缔组织可以分为胚性结缔组织和成体结缔组织。胚性结缔组织包括间充质和黏液结缔组织，它们主要存在于动物胚胎时期。成体结缔组织可分为固有结缔组织和特化结缔组织两类。其中，固有结缔组织即为一般所说的结缔组织，包括有疏松结缔组织、致密结缔组织、网状组织和脂肪组织，特化结缔组织包括软骨组织、骨组织、血液和淋巴。

## 一、疏松结缔组织

疏松结缔组织又称蜂窝组织，其特点是细胞种类较多，纤维较少，排列稀疏。疏松结缔组织在体内广泛分布，位于器官之间、组织之间以至细胞之间，具有连接、支持、营养、防御、保护和创伤修复等功能。

## 二、致密结缔组织

致密结缔组织的组成与疏松结缔组织基本相同，但致密结缔组织中的纤维成分特别多，而且排列紧密，细胞和基质成分很少。除弹性组织外，绝大多数的致密结缔组织中以粗大的胶原纤维束为主要成分，其中含少量纤维细胞、小血管和淋巴管。

## 三、脂肪组织

脂肪组织主要是由大量脂肪细胞集聚而成。疏松结缔组织将成群的脂肪细胞分隔成许多脂肪小叶。根据脂肪细胞的结构和功能不同，可分为白色（黄色）脂肪组织和棕色脂肪组织。

## 四、网状组织

分布在骨髓、脾脏、肝脏和淋巴结等造血器官及免疫器官内，组成淋巴细胞及血细胞发育的微环境。网状组织是由网状细胞、网状纤维和基质组成。网状细胞为星形多突起细胞，其突起彼此连接成网，是分化程度低的成纤维细胞。网状纤维细而多分支，沿着网状细胞的胞体和突起分布，卷曲成网。

结缔组织细胞主要有成纤维细胞、巨噬细胞、肥大细胞、浆细胞、脂肪细胞、未分化的间充质细胞及白细胞等。其中，由间充质细胞分化而来的成纤维细胞是结缔组织中数量最多，个体最大的细胞。成纤维细胞具有很强的分裂增殖能力，且具有多种功能，其既能合成分泌胶原蛋白和弹性蛋白，形成胶原纤维、网状纤维和弹性纤维，也可以合成和分泌糖胺多糖、蛋白多糖和糖蛋白形成基质。成纤维细胞的体外培养已成为一门重要的生物技术，并在分子生物学、基因工程等研究领域取得了一系列显著成就，有非常广阔的应用前景。

## 五、鸡成纤维细胞的原代培养

鸡成纤维细胞相对容易获得，增殖能力强，另外，还具有良好的耐受性和适应性，所以应用较为广泛。

### 1. 试剂与器材

实验材料：9～10 日龄 SPF 鸡胚

（1）试剂

0.25％胰蛋白酶

DMEM 培养基，含 10％胎牛血清

pH7.2 的 PBS 液、0.02％ EDTA-2Na

100IU/mL 青霉素及 100mg/L 链霉素溶液

（2）器材　$CO_2$ 培养箱、离心机、超净工作台、倒置显微镜、冰箱、水浴锅、细胞培养瓶、无菌手术器械、吸管、移液管等。

### 2. 实验方法

（1）取材　取 9～10 日龄鸡胚，用碘酒和酒精棉球分别由中央向四周擦拭消毒，之后放入超净台，将有气室的部位朝上，然后用手术剪刀小心敲破蛋壳，沿气室边缘剪掉蛋壳，若有蛋壳掉落蛋内，用镊子取出，换用新的无菌镊子揭开尿囊绒毛膜，可见鸡胚黑色的眼睛，再用弯头镊子深入夹住鸡胚颈部将其取出并放入无菌平皿中，除去鸡胚的头、四肢和内脏，剩余部分放入一小烧杯中，用添加有双抗的 PBS 缓冲液漂洗除去血液，然后用眼科手术剪刀将组织仔细地反复剪碎，直到 1～2mm³ 小块，用 PBS 缓冲液洗涤 3 遍，直至组织块泛白为止，静置数分钟，使组织块自然沉淀到管底，吸弃上清。

（2）消化　将上述所得组织块移入无菌三角瓶中，加入 0.25％胰蛋白酶液 10mL，37℃水浴消化 30min 左右，每隔 5min 振荡一次，使细胞消化均匀。当组织块蓬松发毛时，

1000r/min 离心 10min，用吸管小心吸弃上清液，并用 PBS 缓冲液悬浮细胞沉淀，反复洗涤两三遍后再用细胞生长液洗一次，离心所得沉淀用适量细胞生长液悬浮，并用刻度吸管反复将细胞悬液轻轻吹打，使细胞充分分散，然后使用带有纱布的漏斗过滤，滤液经 800r/min 离心 10min，弃去上清液，再用 PBS 缓冲液将细胞沉淀悬浮并清洗两次，最后在细胞沉淀中加入培养液，悬浮并反复吹打后稀释至适当浓度并转移至培养瓶中，在 $CO_2$ 培养箱中 37℃条件下培养，24h 后观察细胞贴壁情况。

（3）传代培养　吸取 0.25% 胰蛋白酶溶液适量，移入单层细胞已长满的培养瓶，使胰酶溶液漫过所有细胞，轻轻摇动，洗涤漂浮的细胞，倾去消化液并重复洗涤一次，消化液倾弃后，将培养瓶置于倒置显微镜下观察。见纤维样细胞变圆并有部分细胞从瓶壁掉落之时，立即加入含有血清的细胞培养液 2mL 终止消化，然后用弯头吸管轻轻吹打纤维样细胞生长区域，最后分装到两个培养瓶中，在二氧化碳培养箱中培养。

3. 鉴定

（1）原代培养的形态学观察　胰蛋白酶消化后的细胞在倒置显微镜下观察呈圆形，在细胞瓶中培养 1d 后，成纤维细胞呈纤维样，贴壁良好，瓶中培养液颜色较浅。2d 后，细胞进入对数生长期，生长旺盛，排列紧密。3d 后更换培养液。4d 后，原代细胞长满瓶底，单层，细胞形状多数为梭形，少部分为多边形。

（2）纯化后的形态学观察　在倒置显微镜下观察可见，瓶中细胞贴壁良好，经过 24h 后可见纯化后的鸡胚成纤维细胞完全贴壁，细胞间生长紧密，呈单层生长，纺锤状排列，培养液颜色较浅。48h 后培养基颜色变暗，细胞铺满瓶底。

### 4.注意事项

（1）实验准备

① 培养过程中所用到的相关液体用前于 37℃ 水浴锅预热；

② 超净工作台进行紫外线照射并用 75％酒精擦拭；

③ 配制培养基的水、器皿等严格消毒，并且在配制后严格过滤除菌；

④ 注意操作流程、操作空间，全程做好无菌操作。

（2）过程　操作过程中，选择适宜日龄的鸡胚，否则会有较多的杂细胞。纱布不宜过厚，否则影响过滤效率，在过滤之前，最好用少许细胞培养液湿润纱布。

在细胞消化过程中，对于消化液的浓度和消化的时间应谨慎处理。若消化液浓度较大，则消化时间应较短，否则细胞会受到损伤；反之，当消化液浓度较低时，消化时间应适当的长一些，不然细胞得不到很好的消化，不能消化为单个细胞。

鸡胚成纤维细胞纯化过程中，从体内取得的培养材料所进行的原代培养，在大多数情况下呈混合生长，主要有两大类，即上皮样细胞和成纤维细胞，需进行人工纯化或自然纯化。人工纯化的方法主要有酶消化法、机械刮除法、反复贴壁法、流式细胞仪分离法等。需视具体情况而定。

本次采用胰蛋白酶消化法分离细胞，使用反复贴壁的方法纯化细胞。在鸡胚成纤维细胞的纯化过程中，上皮细胞对胰蛋白酶的耐受性和成纤维细胞对胰蛋白酶的耐受性有较大差别。在消化培养细胞时，上皮细胞往往要经过相当长的时间时才能消化脱壁，而成纤维细胞的分裂增殖和贴壁的速度很快，所以，可以根据这种消化差别方法将二者分开。

# 第四节 肌组织细胞的培养

肌组织是躯体和内脏运动的动力组织。按其存在部位、结构和功能不同，肌组织可分为骨骼肌、平滑肌和心肌三种。骨骼肌和心肌的肌纤维上有横纹，因而又称横纹肌。平滑肌主要分布于内脏器官。肌组织的肌细胞呈长纤维形，又称为肌纤维，肌纤维之间有少量的结缔组织及血管和神经。肌纤维的细胞膜称肌膜，细胞质称肌浆，肌浆中与细胞长轴相平行排列的许多肌丝，是肌纤维舒缩功能的主要物质基础。

## 一、骨骼肌

骨骼肌是分布于躯干、四肢的肌组织，其肌纤维呈细长的圆柱状，有多个直至数百个细胞核位于纤维的周缘部。肌纤维的肌浆内含有许多与细胞长轴平行排列的肌原纤维，每条肌原纤维均由明带和暗带相间的结构构成，且每条肌原纤维的明带和暗带又排列于同一水平上，因而，肌纤维显示出明暗交替的横纹。肌纤维收缩时，肌原纤维暗带的长度不变，与暗带两端相邻的明带变短。骨骼肌受躯体神经支配，受意识控制，因而属随意肌，其收缩快速、有力，但易疲劳。

## 二、平滑肌

平滑肌主要分布于内脏和血管壁，所以又叫内脏肌。平滑肌肌纤维呈梭形，无横纹，细胞核位于肌纤维中央。平滑肌受自主神经支配，不受意识控制，因而属于不随意肌。内脏平滑肌的特点是具有自动性，即肌纤维在脱离神经支配或离体培养的情况下，也能自动地产生兴奋和收缩。

## 三、心肌

心肌主要分布于心脏壁，也存在于大血管的近心端。心肌纤维呈短柱状，也分支并互相吻合成网，细胞核呈卵圆形位于肌纤维中央，可见双核，偶见多核。心肌的肌原纤维也有明带和暗带，因而也具有横纹。但心肌仅受内脏神经支配，而不受意识支配，属不随意肌。心肌收缩慢、有节律而持久，不易疲劳。

## 四、骨骼肌卫星细胞的培养

1961年，Mauro等发现了骨骼肌卫星细胞，并证实其为骨骼肌干细胞。骨骼肌卫星细胞分布于骨骼肌纤维的肌膜与基底膜之间，为一种扁平、有突起的细胞。作为一种成体干细胞，骨骼肌卫星细胞在体内外都具有很强的增殖与分化能力，在骨骼肌的正常发育过程发挥重要作用。在肌纤维受损的情况下，骨骼肌卫星细胞被激活，进而进行增殖以及肌源性分化，形成新的肌纤维对损伤部位进行修复。骨骼肌肌卫星细胞因在基因治疗、组织工程和细胞移植等方面的研究中具有重要的意义，从而成为当前的研究热点。

骨骼肌卫星细胞在体外培养时，在涂有胶原的培养瓶上增殖和随意迁移，然后呈直线排列，并最终融合形成多核的肌管。骨骼肌卫星细胞一旦融合成肌管，则不能再进行传代培养。

### 1. 试剂与器材

动物：健康幼龄大鼠 2 只，雌雄不限。

（1）试剂　DMEM 培养基、胎牛血清、马血清、胰蛋白酶、青霉素链霉素双抗、Ⅱ型胶原酶，结蛋白（Desmin）抗体。

（2）器材　$CO_2$ 培养箱、倒置生物显微镜、超净工作台、离心机、吸管、小型手术器械。

### 2. 实验方法

（1）实验准备、取材与分离　取各种已消毒处理的培养用品置于超净工作台内，打开紫外灯消毒 30min。操作前先用清水洗手，再用 75% 酒精擦拭手至肘部。将大鼠断颈处死，放入 75% 的酒精中浸泡 3min 左右，然后放入小瓷盘中并转移至超净工作台，仰卧固定，无菌条件下取出大鼠后腿部肌肉，用加有双抗的 PBS 漂洗液漂洗三次后，将肌肉移入无菌培养皿中。用眼科小剪刀去除筋膜、肌腱、脂肪组织和血管，然后再用小剪刀将肌组织充分剪碎至 $1mm^3$ 左右小块，用 PBS 漂洗液漂洗三次，吹打后静置 5min 左右，当组织块沉降后，弃去漂浮物及液体。

（2）培养与纯化　向上述剪碎的组织块中加入 0.1% 胶

原酶消化液，37℃搅拌消化 60min，然后 1200r/min 离心 5min，弃去上清，沉淀中加入适量的 0.25％胰蛋白酶消化液，振荡混匀后于 37℃条件下消化 30min 左右，期间每 10min 用吸管吹打 1 次，消化完成后加适量胎牛血清终止消化，1200r/min 离心 10min，弃去上清液，沉淀即为游离细胞及未消化完全的组织块。于所得沉淀中加入适量的细胞生长培养基，反复吹打混悬，并振荡 40s 后 500r/min 离心 5min，收集上清液即为细胞悬液，沉淀则重复如上步骤。将所有收集的细胞悬液和没有消化完全的沉淀依次经 200 目、400 目细胞筛滤过，采用差速贴壁法去除成纤维细胞（差速时间 1h，重复 2 次）。将第二次消化的组织块混合液取出部分上清液 1200r/min 离心 5min，用细胞生长培养基重新悬浮细胞，然后移入有胶原包被的培养瓶中于细胞培养箱中培养。72h 后换液。

### 3. 结果与鉴定

（1）骨骼肌卫星细胞的培养结果　经酶消化分离出的游离骨骼肌卫星细胞为球形，悬浮于培养液中，24h 之后细胞即可贴壁，此时细胞形态成梭形、细小、单核、有折光性。原代细胞培养 7d 左右即可传代，传代的细胞生长状态良好，折光性好。培养细胞在较低血清浓度（10％）条件下培养 7~10d 就可出现肌小管。

（2）骨骼肌卫星细胞的免疫组化鉴定　结蛋白被认为是肌卫星细胞的特异性抗体，在骨骼肌卫星细胞胞浆中强阳性表达，胞浆染色呈棕色或棕黄色，成纤维细胞及其它杂质细胞不着色，所以用结蛋白鉴定肌卫星细胞的纯度，通常选取四代以内细胞用细胞计数方法计数阳性细胞。

骨骼肌肌卫星细胞原代培养时，应用差速贴壁法可以去除存在于骨骼肌卫星细胞中的大量成纤维细胞，可以有效提高骨骼肌卫星细胞纯度；胶原酶消化能力较弱，可将其消化时间延长到 1.5～2h；胰蛋白酶消化能力强，消化过程间歇振荡和吹打可以促使骨骼肌卫星细胞脱落。由于胰蛋白酶对细胞的损伤较大，消化时间尽量控制在 30min 内，可以提高细胞的存活与贴壁率。目前，通过两步消化法和简易的两次差速贴壁法，可以成功地释放骨骼肌卫星细胞和除去成纤维细胞，从而得到高纯度的骨骼肌卫星细胞。但酶消化法的步骤较多，实验过程中应注意防止细胞被污染，并要控制好酶的作用时间，否则酶作用时间不够，或酶作用时间过长，都将影响实验结果。

4. 骨骼肌卫星细胞的培养意义

骨骼肌卫星细胞是具有增殖和自我更新能力的成肌前体细胞或单能成肌干细胞，在骨骼肌的维持和损伤后的修复中起着重要的作用。因而骨骼肌卫星细胞是一个具有广阔应用前景的成体干细胞，通过骨骼肌卫星细胞的体外培养，深入了解和研究其增殖与分化的调控机制及对骨骼肌损伤修复的应答机制，从而可为临床上应用其治疗肌肉损伤、肌肉瘫痪等疾患奠定坚实的理论与实验基础。

# 第五节 神经组织细胞的培养

神经组织的体外培养方法是 Harrison 在 1907 年首次创

造的，他在蛙的凝固淋巴块上进行蛙胚神经组织的悬滴培养，发现神经纤维的生长，为神经元细胞学说提供了有力的支撑。Nakai 在 1956 年研究出了神经组织的分离培养方法，即利用机械分离或酶学相关原理方法分离技术，将组织块分离成单细胞悬液，然后进行单细胞的接种培养。Leri-Mon-tallcini 等人于 1966 年从小鼠下颌腺中分离并纯化出神经生长因子，发现该因子能使体外培养的神经细胞生长加快，得益于这一重大发现，其在 1986 年获得了诺贝尔医学奖。我国从 1960 年开始体外培养脑神经细胞。体外培养技术在目前神经科学研究中位于最前沿，已经渗透到各个领域，并与各种先进技术结合，比如在电生理、神经调节、神经再生、免疫、药理等方面，同时也加快了多种学科研究共发展的步伐。

## 一、神经细胞的原代培养

神经细胞的原代培养是把哺乳动物胚胎中枢神经系统中的大脑皮层、小脑、海马、脊髓等部分组织从机体直接取出后用金属网挤压等机械法或用胰蛋白酶消化法处理，从而将神经组织分散为单个细胞，制成单细胞悬液，再接种于培养基上进行体外培养。但是由于神经细胞属于终末分化细胞，只能进行原代培养。

## 二、神经细胞组织的培养

（一）神经细胞的分离及培养方法

（1）材料的来源　通常以动物胚胎的神经组织为材料，

即中枢神经系统的灰质或外周神经系统的神经节，因为这些组织中神经细胞胞体较集中，密度也较大，因而取材方便，容易掌握。中枢神经细胞培养方法大多数用胎鼠进行，但是胚胎鼠的胎龄不易把握和某些功能区域解剖的部位不易准确定位，为此近年来以新生鼠替代胚胎鼠进行神经细胞培养。

（2）神经细胞体外培养的培养基　人工合成的培养基已有多种。比如 RPMI-1640、Eagle′MEM、DMEM 等，主要在于氨基酸、维生素、无机盐、缓冲剂及能源物质的组成成分及含量不同。PRMI-1640 的营养丰富，对各种组织生长都适用；Engle′MEM 适合于细胞株的传代培养；DMEM 有利于细胞的分裂增殖。细胞培养中应用最多的天然成分是血清，如胎牛血清、马血清，因为血清中有调节细胞生长代谢的活性物质，如激素、生长因子（GF）、维生素及微量元素等，血清直接影响着培养的效果。

（3）神经细胞的体外存活时间　通常来说具有有限分裂能力的细胞在体外维持的时间短。神经细胞是一种分裂后细胞，神经细胞的体外培养一般只是短期培养，大约 1～2 周。如果培养时间过长，细胞悬液中非神经元细胞分裂增殖从而导致神经元的数量降低。

（二）新生大鼠海马神经细胞的培养方法

1. 材料

（1）试验动物　健康的新生大鼠，雌雄不限。

（2）试剂　　DMEM，马血清（HOS），胎牛血清

（FBS），青霉素，链霉素，谷氨酰胺，聚 L-赖氨酸，磷酸盐缓冲液（PBS），75%酒精，0.25%胰酶。

（3）培养液组成

接种培养液：10% HOS，10% FBS，80% DMEM，3mg/L 谷氨酰胺，1 万 U/L 青霉素，100mg/L 链霉素。

维持培养液：95% DMEM，5% HOS，3mg/L 谷氨酰胺，1 万 U/L 青霉素，100mg/L 链霉素。

消化液：0.25%胰蛋白酶液，称取 0.25g 胰蛋白酶加入至 100mL PBS 液中，搅拌混匀后过滤除菌。

（4）培养皿的预处理　用 35mm 的塑料培养皿，在超净台中用 2mL 0.1g/L 聚 L-赖氨酸均匀涂于培养皿内，静置 30min 后弃去液体自然干燥后待用，或置 37℃温箱中 4h 后弃去液体后干燥备用。

## 2. 培养方法

取新生大鼠，断颈处死后置于 75%的酒精中浸泡消毒，然后放于有冰的培养皿上，在无菌条件下先取出脑，在解剖显微镜下轻轻剥去脑膜和血管，分离出双侧海马体，用预冷的 PBS 液清洗两次，然后剪碎，加入 2mL 0.25%的胰酶并于 37℃水浴锅中消化 30min，期间可轻轻摇晃 2～3 次，使其充分消化。消化完成后加入 10%胎牛血清以终止胰酶消化，离心弃掉消化液后加入 2mL 接种培养液，用吸管轻轻吹打数次，并用筛网过滤，再静置 2min 或离心后吸出上层细胞悬液，取 2mL 接种于预先处理好的塑料培养皿中，然后放入 37℃、5%CO_2 的培养箱中培养。24h 后将原有的接种培养液全部吸出来，加入维持培养液，每 7d 换液 2 次。每次仅更换一半的培养液，原瓶中培养液保留一半。

### 3. 神经细胞培养的形态

在细胞培养皿中新分离的细胞呈圆形，移入细胞培养瓶6～12h后大部分细胞便可贴壁，呈圆形或椭圆形，其中部分细胞已伸出1～2个突起。培养至2～3d后细胞体积开始增大，呈椎体状、梭状或卵圆状等形态，伸出大小不一的突起，胞体逐渐变大，且胞体的中部比较暗，胞体周边光晕明显，细胞核核仁明显。培养至5～7d后神经细胞数量增多，形态已基本成熟，光晕明显，胞体光滑，突起增多且分支细长，并延长交织形成稀疏的神经细胞网络。培养至10～12d时细胞生长良好，胞体较大，突起延长形成致密的神经网络，胞核和核仁清晰可见；培养至15d时，神经细胞数量增多且体积变大，生长旺盛，胞体周围光晕强，突起粗且长。培养至20～24d后，神经细胞数量减少，胞体不再增大，其突起也减少，神经细胞开始萎缩和退化变性，胞内出现空泡，周边的光晕消失，出现死亡细胞漂浮的现象。

### 4. 注意事项

（1）取材时操作的速度要快，部位要准确，在无菌环境中操作，所用的器皿都要经过清洗、高压、干燥，以防污染。

（2）在消化时，每隔2～3min摇晃几下，使得胰酶对组织充分消化。吸取上清时切忌勿把组织块吸入。

（3）每次换液时，动作要轻且快。

## 三、神经细胞原代培养的意义

提供体内生长过程在体外重现的机会；通过利用不同的

技术直接观察活细胞的生长、分化及形态和功能的变化；可以在不同的物理、化学和生长因子的实验条件下，观察各种条件的变化对神经细胞的效果及影响；神经细胞的培养，减少了机体内复杂因素的干扰，从而有利于在细胞和分子水平上进一步探究某些神经性疾病的发病机理。

# 第六节　干细胞的培养

干细胞（Stem cell）是一类具有自我更新和分化潜能的原始未充分分化、尚不成熟的细胞，能够产生高度分化的功能细胞，是形成哺乳类动物的各组织器官的原始细胞。自我更新是指干细胞在增殖过程中，每次细胞分裂后产生的子代细胞中至少有一个或两个同时保持着干细胞的原始状态。分化能力是指干细胞在特定条件下能够分化产生一种或多种具有特殊的结构，能够执行特定功能的终末细胞亦称为成熟细胞。干细胞在形态上具有共性，通常呈圆形或椭圆形，细胞体积小，细胞核相对较大，且染色质多为常染色质，并具有较高的端粒酶活性。由于干细胞可以分化成所有终末细胞，因此医学界将其称为"万用细胞"。

## 一、干细胞的分类

依据干细胞的发育阶段不同，可将其分为胚胎干细胞（Embryonic Stem Cell）和成体干细胞（Somatic Stem Cell）。成体干细胞又包括神经干细胞（Neural Stem Cell,

NSC)、血液干细胞（Hematopoietic Stem Cell，HSC)、骨髓间充质干细胞（Mesen-chymal Stem Cell，MSC）和表皮干细胞（Epidexmis Stem Cell)。

依据分化潜能的大小，干细胞可分为三种类型：第一类是全能性干细胞，它具有形成完整个体的分化潜能，如胚胎干细胞。第二类是多能性干细胞，如骨髓多能造血干细胞。第三类为单能干细胞，也称专能干细胞，只能向一种或两种相关的细胞分化，如上皮组织基底层的干细胞、肌肉中的成肌细胞等。

## 二、胚胎干细胞的培养

胚胎干细胞是指当受精卵分裂发育成囊胚时内细胞团（ICM）的细胞，来自胚胎组织的干细胞，在体外自我更新稳定，能分化为外胚层、中胚层和内胚层的各种类型分化细胞，甚至参与个体发育。胚胎干细胞的来源主要有早期胚胎、胚胎生殖细胞或畸胎瘤组织，研究最多的是胚胎干细胞（ES)、胚胎生殖干细胞（EG）两类细胞。

### （一）小鼠胚胎干细胞的培养

#### 1. 试验材料

（1）试验动物　妊娠鼠，小鼠胚胎。

（2）试验试剂　DMEM 高糖培养基、胎牛血清、胰蛋白酶、L-谷氨酰胺、青链霉素、PBS 缓冲液、β-巯基乙醇、二甲基亚砜（DMSO)、丝裂霉素 C。

（3）培养液的制备

细胞冻存液：25％胎牛血清，15％DMEM，10％～15％DMSO。

饲养层细胞培养液：DMEM高糖培养基，15％胎牛血清，2mmol/L L-谷氨酰胺，100μg/mL青链霉素双抗。

ES细胞培养液：DMEM高糖培养基，15％胎牛血清，2mmol/L L-谷氨酰胺，100μg/mL青链霉素双抗，β-巯基乙醇。

## 2. 培养方法

（1）饲养层细胞的制备及培养　目前以小鼠胚胎成纤维细胞（MEF）与ES细胞共培养的方法来体外扩增ES细胞，因为小鼠胚胎成纤维细胞取材方便，容易制备，所以用小鼠胚胎成纤维细胞作为培养ES细胞的饲养层细胞。首先将妊娠期在13.5d（一般在12.5～14.5d都可以）的母鼠断颈处死，用75％的酒精浸泡消毒，若条件允许可在紫外灯下照射5min，在无菌条件下取出整个子宫并放入PBS液中洗3次将表面的血迹洗涤干净，弃除残液，用无菌剪刀沿着子宫系膜一侧剪开子宫，取出有胎膜的胚胎放在无菌PBS液中漂洗，直至表面的血液漂洗干净，洗液清亮。再用无菌镊子撕破胎膜，取出胎鼠，剔除卵黄囊、胎盘和羊膜从而分离出胚胎。将胚胎移入一新的加有无菌PBS液的培养皿中，用无菌剪刀或手术刀去除内脏和头部，剩余组织用手术剪剪成1mm³大小的碎块，取其放入15mL的离心管中，加入2mLPBS液，1000r/min离心2min，弃掉上清。加入5mL 0.25％胰蛋白酶液，37℃消化30min后离心弃掉消化液，再加入适量饲养层细胞培养液，用吸管反复吹打，1000r/

min，离心 2min，弃掉上清。取适量细胞培养液将细胞悬浮起来，用吸管反复吹打使细胞分散成悬液悬液，然后将细胞悬液转移到无菌培养皿中，于 37℃、5％ CO₂ 条件下培养。一般在第 3d 左右细胞长满培养皿。在更换培养液后加入 $10\mu g/L$ 丝裂霉素 C，37℃继续培养 2h，细胞停止分裂，但不会马上死亡，可在体外存活一段时间。该细胞就是饲养层细胞，支持 ES 细胞的生长和增殖。

（2）ES 细胞的冻存、复苏、培养和传代　生长状况良好的 ES 细胞在冻存前 3h 换新鲜的培养液，冻存时吸去原培养液，加入 5mL PBS 洗涤 2 次，加入 2mL 0.25％的胰酶在 37℃温箱中消化 30min 后加入 10％胎牛血清以终止消化，然后 1000r/min 离心 2min 弃去消化液，再加入适量细胞冻存液后充分混匀，移入细胞冻存管中并置于在 4℃冰箱放置 20min，然后在－20℃放置 30min，最后在－80℃短暂保存后再移入液氮进行长期冻存。取 ES 细胞冻存管快速放在预热的 37℃水浴锅中并迅速摇动，使冻存的细胞悬液快速融化。将融化的细胞悬液吸到预先加入 5mL ES 细胞培养液的无菌离心管中，为减少 DMSO 的毒性，吹打混匀后以 1000r/min 离心 2min，弃去上清，再加入 ES 细胞培养液，吹打成细胞悬液，悬浮成单个细胞后移入预先铺好饲养层细胞的培养皿中，并加入适量的 ES 培养液，在 37℃、5％ CO₂ 的培养箱中培养。24h 后换液，直至细胞铺满平皿后传代（通常是隔天传代）。在传代前用 PBS 液冲洗一次后倒掉，然后加入胰蛋白酶进行消化 30s，倒掉消化液。当细胞脱落时加入 ES 细胞培养基，吹打制成单细胞悬液并分成三份，吹打时要适度，将其中一份加入用丝裂霉素 C 处理过的 MEF 饲养层上，再放入温箱中培养。

（3）ES 细胞培养形态观察 ES 细胞复苏后放于培养皿中，可观察到细胞体积小，细胞间边界清晰。在饲养层上培养 1d 后，细胞核变大，细胞排列紧密，细胞间的界限不清楚，呈集落状生长。培养至 3d 时，细胞排列更紧密。此时，需要进行将较大的细胞消化传代，用胰酶消化后，饲养层细胞与 ES 细胞容易区分，饲养层细胞大且边缘粗糙，而 ES 细胞小且圆。

（二）胚胎干细胞技术的应用前景

（1）探讨胚胎发育的调控机制，建立哺乳动物发育的体外模型 ES 细胞对调节正常发育过程中的信号具有应答能力，因此，胚胎干细胞的建立将有助于探讨胚胎发育过程中的影响因素和调控机制。ES 细胞在体外悬浮培养形成类胚体的过程与体内早期胚胎发育过程相似，所以 ES 细胞是研究特定细胞分化的模型，是探索某些前体细胞起源较理想的实验体系。

（2）临床上进行细胞替代治疗 ES 细胞在一定条件下能保持未分化状态并能无限扩增，可为应用研究提供细胞来源。通过定向分化并进行特定处理后代替受损的细胞，或作为组织工程的种子细胞，利用组织工程技术，在实验室中培育出可用于替代的各种组织和器官。

（3）生产转基因动物，进行动物克隆及改良 ES 细胞可以无限传代增殖且不改变其基因型和表现型，所以可以在短时间内克隆出基因型和表现型相同的个体。ES 细胞还可作为外源基因载体生产转基因动物，将外源基因导入动物 ES 细胞，再将转基因细胞注入受精卵，获得转基因动物。

（4）药物筛选和新药物的研究 目前用于药物筛选的细胞大部分来自动物或癌细胞等非正常的体细胞，而 ES 细胞可以经过体外诱导，提供各种组织类型的正常细胞，因此可以作为药物、毒物的检测系统，还提供了新药的药理、毒理及药物代谢等在细胞水平的研究方法，从而减少了药物实验所需的动物数量。

## 三、成体干细胞的培养

### （一）成体干细胞的特性与体外培养

成体干细胞是存在于成人的组织中的不成熟细胞，其具有自我更新能力和一定条件下分化成各种特异的细胞类型。它来源于成年和未成年个体的组织干细胞。与胚胎干细胞相比，有特异性表面标志分子，因此成体干细胞的分离、纯化相对困难。

（1）造血干细胞（HSC） 具有自我更新和多向分化能力的成体干细胞。是机体内分化所有血细胞的原始细胞，存在于骨髓、外周血和脐带血中。脐带血中含造血干细胞和间充质干细胞。

（2）神经干细胞（NSC） 是神经系统中存在的一类具有自我更新和分化为包括神经元和神经胶质细胞两大类神经细胞能力的细胞。其分布于胚胎与成年动物的神经组织中，能在成人脑组织的侧脑室和海马齿状回颗粒下层分离到。

（3）骨髓间质干细胞（MSCs） 骨髓组织的干细胞是研究最早、最多的一类造血干细胞。其来源于中胚层间充质，主要存在于全身结缔组织和器官间质中，但骨髓组织中含量较丰富。骨髓内的间质干细胞在一定条件下可体外培养并诱导向成骨细胞、软骨细胞、脂肪细胞、肌肉细胞和神经细胞等方向分化，在调节造血中发挥重要的作用。

（4）间质细胞的分离和培养　当前采用的是密度梯度离心法和贴壁培养法。用密度梯度离心分离 MSC，通过解剖分离等步骤从收集到的骨髓液中分离出单个核细胞，取单细胞悬液进行培养，等大部分 MSC 贴壁后，通过更换培养液可把未贴壁的造血细胞冲洗掉，获得成纤维细胞样、贴壁后快速增殖的骨髓间充质干细胞。贴壁培养法是根据骨髓间充质干细胞对塑料培养瓶有黏附和贴壁的特性从而完成分离培养和纯化，经过解剖分离等步骤将收集到的骨髓液进行培养，直到大部分 MSC 贴壁后，再换培养液。如果成纤维样细胞中混杂其它细胞，如造血细胞、单核细胞、巨噬细胞时，需要改变胰蛋白酶的消化时间，尤其在首次传代时，以保证在较短的消化时间内使 MSC 与培养皿底部彻底脱离，其它细胞仍贴附于培养皿底，从而使 MSC 在传代时进一步纯化。

（二）小鼠骨髓来源的间充质干细胞的培养

1. 试验材料

（1）试验动物　小鼠

（2）试验试剂　青霉素 100 倍稀释液，链霉素 100 倍稀释液，胎牛血清（无需灭活），4% 乙酸，Hank's 液，0.25% 胰酶，PBS 液。

（3）培养液　高糖 DMEM 培养基，10% 胎牛血清，青

霉素 $100\mu g/mL$，链霉素 $100\mu g/mL$。

### 2.试验方法

将小鼠断颈处死，在无菌条件下取出股骨和胫骨，并取掉骨头表面的肌肉，用 Hank's 液浸泡数分钟，然后用手术器械去除股骨近端和胫骨远端以露出骨髓腔，除去骨头一端的骨骺，用一次性针管在骨的生长横断面上扎一个孔，再用针管吸取 1mL 预冷的培养液注入之前扎的孔使得针管顺势插入骨髓腔中，同时用无菌的离心管收集股骨另一端流出的骨髓液。将收集的骨髓组织打散以制成细胞悬液，将细胞悬液收集后 1200r/min 离心 10min，离心后的沉淀细胞用新鲜培养液重悬起来。取细胞悬液与 4％乙酸按 1：1 混合以溶解红细胞。对有核细胞进行计数以调节和确定接种细胞的密度。用培养液来调节密度，在一个 T75 塑料培养皿中接种 $6\times10^7$ 个骨髓有核细胞，于 37℃、5％$CO_2$ 的培养箱中进行培养。培养至 24h 后，除去未贴壁的造血细胞，用 Hank's 液漂洗一遍后倒掉一半洗液，加入等量体积的新鲜的培养液，每 2d 换一次。培养至 5d 时，细胞体积变大，用 Hank's 液洗两遍，再将较大的细胞用 0.25％胰酶室温消化 2min 后用 10％胎牛血清终止胰酶的消化。用吸管轻轻吹打培养瓶细胞附着面，使得细胞脱离下来，从而制成细胞悬液，再次转接到新的培养瓶中于 37℃、5％ $CO_2$ 培养箱中培养，当细胞的密度达到 80％时可进行传代培养。

### 3. MSCs 细胞培养形态观察

刚接种的骨髓间充质干细胞悬浮在培养液中，培养至大约 24h 后开始缓慢贴壁，细胞呈圆形，大小不一。培养至

48h 后，细胞呈梭形、不规则的圆形，排列不规则。培养至 3～5d 后，细胞贴壁较紧密，多呈梭形并且变大变长，但观察不到细胞的分裂。培养至 7d 后，细胞开始分裂，生长速度变快，细胞逐渐平行排列，漩涡状生长。培养至 10～14d 贴壁细胞长满瓶底的 70%～80% 并融合成片时可进行传代。

（三）成体干细胞的应用前景

（1）临床治疗　临床上用于治疗恶性血液疾病，外周血和脐带血干细胞移植也取得了很好的成效。用骨髓干细胞培育出了肾脏细胞、肝脏细胞、肌肉细胞和神经细胞等多种细胞。

（2）基因治疗的载体　造血干细胞是基因治疗中理想的载体细胞，主要应用于在免疫缺陷疾病、遗传性疾病、恶性肿瘤治疗方面。

（3）组织工程的种子细胞来源　组织工程是将细胞工程和材料相关科学结合，利用生物间相适应的材料，依据损伤组织或器官的结构建模或制造支架放在体外培养环境中，使细胞顺着模型或支架不断地生长扩增，构建成新的组织、器官。

# 第五章

# 细胞建系、传代培养技术

## 第一节 ▍ 正常细胞系的建立和鉴定

### 一、细胞系的建立

原代细胞培养物经传代成功后所繁殖的细胞群体就被称为细胞系。其中能够连续传代的细胞叫做连续细胞系，不能连续培养的称为有限细胞系。已获得被确认的某种特殊特征的细胞系就称为细胞株。连续细胞系经选择或克隆并鉴定后则称为连续细胞株。

建立细胞系时，首先要确认细胞来源。包括细胞供体所属物种、个体性别、年龄、取材的器官或组织。为细胞系建立一个代号或名称（例如猪肺泡巨噬细胞 PAM），若几个细胞系从统一来源建立，还应具体区分（例如 PAM1、PAM2 等），若细胞经过了克隆培养，还应有一个克隆号（例如 PAM1-1、PAM1-2 等）。对细胞系来源记录准确后，应对细胞进行生物学检测，了解细胞的生物学性状，如细胞形态、特异结构、细胞生长曲线和分裂指数、倍增时间、接种率等，说明细胞系适应的生存环境，即指明使用的培养基、血清种类、用量以及适宜 pH 值，以便对建立的细胞系进行更好的培养。

在选择细胞系时，应仔细考虑细胞种属、生长特征、可用性、准确性、稳定性对实验的影响，细胞系的表型表达、是否需要对照细胞系、有限细胞系或连续细胞系的影响、正常细胞或转化细胞的影响都需要仔细斟酌。

## 二、细胞系的鉴定

### （一）细胞鉴定的必要性

如今细胞系往往通过细胞库、研究室、高校、企业公司和个人联系渠道传送，细胞又需要经过一段时间的应用以后其作用才会体现出来，所以在细胞培养工作中，关于细胞系起源方面的问题至关重要。尤其是一种新的细胞系，或是需要明确细胞系成分的研究中，对于细胞系的鉴定非常关键。从得到一种新的细胞系开始，就应该做好原始的记录，这其中包括细胞系的物种来源、细胞所处的阶段、细胞系是有限细胞系还是无限细胞系、是否表达恶性特征、确定细胞系是否污染等。

### （二）鉴定方法

#### 1. 形态学鉴定

形态观察是辨认细胞最直接和最简单的方法，其中倒置

动物细胞培养技术

显微镜是细胞培养实验中最重要的工具之一。形态学观察存在着人为主观因素或培养条件对细胞鉴定产生的影响，所以应注意对培养物进行经常性的短暂观察，并确保细胞的生长环境保持良好。

## 2. 染色体分析

染色体含量是确定细胞系及其来源物种的种属、性别的最明确、最具特征的标准之一。因为染色体数量在正常细胞中更加稳定，所以染色体分析也可用于区分正常细胞和恶性细胞。其中染色体计数法可迅速检查染色体的大体形态，足以确定或排除可疑的交叉污染；染色体核型分析法可以确定细胞种属，但比较耗费时间；染色体显带技术可以区分各种各样的细胞系及标记染色体；染色体原位杂交技术可以将荧光标记探针与染色体上特定的基因结合来检测染色体的物种起源，也可对染色体外和细胞质的特殊核酸序列进行定位。

## 3. DNA 含量检测

每个细胞的 DNA 含量是相对稳定的，而且在正常细胞系中具有种属特异性，所以 DNA 含量的分析可用于鉴定细胞。比较常用的方法是 DNA 杂交技术和 DNA 指纹技术。DNA 杂交是用特定的分子探针与独特的 DNA 序列杂交，通过放射性核素、荧光或发光的标记来检测杂交体。在抽取DNA 后，将全长 DNA 或经限制性内切酶酶切后的 DNA 进行电泳，然后转印至硝化纤维素膜上，与特定的探针或一套探针杂交，以提供该细胞系的特征性碱基序列区域改变的信息。也可以通过转染报告基因，然后通过基因产物的颜色分析进行检测。DNA 指纹技术是一种使用范围非常广泛的鉴定技术，而且费用低廉。每个个体的 DNA 用放射性探针进行放射性自显影都可显示出特异的杂交式样，这些式样称为 DNA 指纹，它们是具有细胞特异性的，且在培养过程中非常稳定，在鉴定原始细胞系的起源或检测细胞有无交叉污染时，DNA 指纹技术便成为一种非常有用的工具。

# 第二节 癌细胞系的建立和鉴定

## 一、细胞系的建立

与正常受调控的组织细胞相比，肿瘤细胞的生长具有明显的自主性，但它们在体外却难以培养。肿瘤细胞的营养需求不同于同等组织的正常细胞，对肿瘤细胞进行稀释时也可能会影响这些细胞所产生的自分泌生长因子。建立正确的限定营养和激素环境，用适合于同等正常细胞的培养基从肿瘤获得细胞是最符合逻辑的方法。

原代培养的癌细胞有时不容易用胰蛋白酶消化传代。由于遗传或表型的变异、最终分化或营养不足，许多原代培养的癌细胞不能扩增。然而，有些原代肿瘤细胞可以传代，肿瘤细胞传代培养后，有的已不再过度生长，可用于进行克隆培养或其它选择性培养，细胞扩增后可用于进行细胞特性和特异性参数的分析。形成连续细胞系的能力是恶性肿瘤起源的重要标准，为避免肿瘤细胞表型的变异，要特别注意肿瘤细胞内在的遗传不稳定性和细胞系对培养环境的适应性。

## 二、细胞系的鉴定

通常来讲，肿瘤细胞能生长在预先形成的同种正常细胞单层上，这是鉴定肿瘤细胞的一个很好的标准。正常细胞也对维持肿瘤细胞的生长提供饲养层。在达到饱和密度时，正常细胞的生长速度趋向缓慢，但肿瘤细胞在汇合后继续快速地生长。

从肿瘤组织分离的细胞可产生几种不同类型的细胞系。除肿瘤细胞、结缔组织的成纤维细胞、血管内皮细胞和平滑肌细胞外，还有浸润性淋巴细胞、粒细胞和巨噬细胞以及形成肿瘤的正常组织成分。巨噬细胞和粒细胞的黏附力强，并且不增殖，以致通常在传代后消失。如果没有适当的生长因子和选择培养液，平滑肌细胞不容易增殖，故肿瘤细胞的主要潜在污染物是成纤维细胞、内皮细胞和肿瘤细胞的正常对应细胞。

在污染中，主要问题是成纤维细胞。成纤维细胞容易在培养基上生长，并可对肿瘤源性分裂因子发生反应。内皮细胞也可对肿瘤源性血管形成因子发生反应并容易增殖，尤其是在成纤维细胞缺乏时。由于正常等同细胞与肿瘤细胞的相似性，致使难以确定细胞的作用。应当选择特征性的标准排除非肿瘤细胞。

# 第三节 ▌ 传代培养基本知识

体外培养的细胞常遵循一种标准的方式生长。接种后经过一段潜伏期进入指数生长期，这一期被称作对数期。当细胞密度达到铺满整个瓶底的有效基质时，或者当细胞浓度超出培养基的能力时，细胞生长停止或生长速度大大放缓。这时就需要更频繁地更换培养基或者进行分瓶培养。对于贴壁细胞系，分瓶培养也就是传代，通常包括去除旧培养基，用胰酶消化单层细胞，在培养基中收集细胞，以新鲜培养基稀释细胞并以适当浓度重新接种于新培养瓶中等步骤。

细胞与细胞之间以及细胞与基质之间的黏附由细胞表面的糖蛋白和 $Ca^{2+}$ 介导。来源于细胞和血清的其它蛋白及蛋白多糖与细胞表面和基质表面的结合促进细胞黏附。细胞传代通常需要 $Ca^{2+}$ 螯合作用来降解细胞外基质，还可能要降解细胞黏附分子。某些单层细胞不能用胰酶消化，而需要另外的蛋白酶的作用，如链霉蛋白酶、离散酶和胶原酶。在这些蛋白酶中，链霉蛋白酶最有效，但它对某些细胞有毒性。离散酶和胶原酶一般比胰酶的毒性要弱，但使细胞完全脱离的效果并不是很好。酶处理的强度取决于细胞的类型，因此应选择那些既能产生高活性单细胞悬液而毒性又低的方法。

培养过程中单层细胞是否需要传代通常根据细胞生长密度、培养基消耗情况、距离上次传代的时间等因素来决定。当第一次培养一种细胞系时，第一次传代最好以 1∶2 比率传代为好，当获得培养经验后则可以增加传代比率，一旦细胞系变成连续细胞系，细胞代数就可以忽略了，选择传代间隔合适的传代比率或稀释度保证细胞可以重新进入生长周期就可以了。另外，在胰酶消化后再接种时应记录好细胞数，以此估计每次传代后的生长速率并监测其生长的稳定性。处于不同生长周期的细胞在增殖能力、酶活力、糖酵解和呼吸作用、特殊产物的合成及其它许多方面性质上均有所不同，所以我们应熟悉所培养的细胞系的生长周期，选择合适的细胞接种密度、传代前生长时间、实验时间和细胞具有最佳稳定性的条件来培养细胞。

# 一、传代培养的过程

## （一）传代前准备

### 1. 预热培养用液

把已经配制好的装有培养液、Hank′s 液和胰蛋白酶的瓶子放入 37℃ 水浴锅内预热。

### 2. 消毒

用 75％酒精擦拭经过紫外线照射的超净工作台和双手。

### 3. 正确摆放使用的器械

保证足够的操作空间，不仅便于操作而且可减少污染。

### 4. 点燃酒精灯

注意火焰不能太小。

### 5. 培养瓶消毒

准备好将要使用的消毒后的空培养瓶，放入微波炉内高火、8min 再次消毒。

### 6. 取出预热好的培养用液

取出已经预热好的培养用液，用酒精棉球擦拭好后方能放入超净台内。

### 7. 从培养箱内取出细胞

注意取出细胞时要旋紧瓶盖，用酒精棉球擦拭显微镜的台面，再在镜下观察细胞。

### 8. 打开瓶口

将各瓶口一一打开，同时要在酒精灯上消毒瓶口。

## （二）胰蛋白酶消化

### 1. 加入消化液

取 80% 或接近汇合的培养细胞，使培养瓶的细胞面向上，将培养液倒入污物三角瓶内（或用吸管吸出培养液），用约 2mL Hank's 液清洗 1 次。加入适量消化液（胰蛋白酶液），注意消化液的量以盖住细胞最好，最佳消化温度是 37℃。

### 2. 显微镜下观察细胞

将培养瓶置于倒置显微镜下观察，当发现细胞胞质回缩，细胞与细胞之间相互接触松散、间隙增大、细胞变圆或出现蜘蛛网状结构时，立即将培养瓶直立，终止消化（需约 3min）。用肉眼观察时可见培养瓶的细胞面出现类似水气的一层结构，即出现发雾现象，这是因为细胞被消化后部分细胞回缩，细胞与细胞间出现间隙，有细胞的地方透光性降低，无细胞的地方透光性增加，使得细胞面透光性变得不均匀，产生水汽样结构。

### 3.吸弃消化液加入培养液

去除消化液，向瓶内加入 Hank's 液约 3mL，轻轻转动培养瓶，把残余消化液冲掉。注意加 Hank's 液冲洗细胞时，动作要轻，以免把已松动的细胞冲掉。

## （三）吹打分散细胞

### 1.吹打制悬

用滴管将已经消化细胞吹打成细胞悬液。

### 2.吸细胞悬液入离心管

将细胞悬液吸入 10mL 离心管中。

### 3.平衡离心

平衡后将离心管放入台式离心机中，以 1000r/min 离心 6～8min。

### 4.弃上清液，加入新培养液

弃去上清液，加入 2mL 培养液，用滴管轻轻吹打细胞制成细胞悬液。

## （四）分装稀释细胞

### 1.分装

将细胞悬液吸出分装至 2～3 个培养瓶中，加入适量培养基旋紧瓶盖。

### 2. 显微镜下观察细胞

倒置显微镜下观察细胞量，必要时计数。注意密度过小会影响传代细胞的生长，传代细胞的密度应该不低于 $1 \times 10^5$ 个/mL。最后要做好标记。

### （五）继续培养

用酒精棉球擦拭培养瓶，适当旋松瓶盖，放入 $CO_2$ 培养箱中继续培养。传代细胞 2h 后开始贴附在瓶壁上。当生长细胞铺展面积占培养瓶底面积 25％时为一个＋，占 50％为＋＋，占 75％时为＋＋＋。

**【培养注意事项】**

初代培养的首次传代是很重要的，是建立细胞系的关键时期。首次传代时一般要注意以下几点：

（1）细胞没有生长到足以覆盖瓶底壁的大部分表面以前，不要急于传代。把握好传代时机，在细胞生长到 80％～90％汇合时传代最好，过早传代细胞产量少，过晚传代细胞健康状态不佳。

（2）原代培养时细胞多为混杂生长，上皮样细胞和成纤维样细胞并存的情况很多见，传代时不同的细胞有不同的消化时间，因而要根据需要注意观察及时处理，并可根据不同细胞对胰蛋白酶的不同耐受时间而分离和纯化所需要的细胞。另外，早期传代的培养细胞较已经建立细胞系的培养细胞消化时间相对较长。吹打细胞时动作要轻巧，尽可能减少对细胞的损伤。

（3）各种细胞对消化的反应不同，有的敏感，有的迟钝，因此应根据所用细胞特点制定适宜的消化措施。有的细胞附着瓶壁不牢，用吸管可从瓶壁上直接吹下来，但这样容易伤害细胞，细胞大片脱落，不易计数，因此，应尽可能采用消化法分散细胞为好。消化传代良好时，细胞受损害少，细胞悬液均匀，各分装样品中数量误差小，细胞生长增殖速度一致，实验结果可靠性大。

（4）消化液浓度要适宜，过浓时消化作用强烈，细胞反应快，所需消化时间短，掌握不好，细胞易流失。用胰蛋白酶与 EDTA 的混合液进行细胞消化时，要用 Hank′s 充分洗涤细胞以去除 EDTA，因为 EDTA 的残留会影响细胞的贴壁生长。

【附】EDTA（0.02％乙二胺四乙酸二钠）消化液配方

EDTA 0.20g、NaCl 8.00g、KCl 0.20g、$KH_2PO_4$ 0.02g、葡萄糖 2.00g、0.5％酚红 4mL，加入蒸馏水定容至 1000mL。10 磅 20min 高压灭菌，使用时调节 pH 值到 7.4。注意 EDTA 不能被血清中和，使用后培养瓶要彻底清洗，否则再培养时细胞容易脱壁。

## 二、Vero 细胞的培养

Vero 细胞是非洲绿猴肾细胞，是一种异倍体细胞，经猕猴肾细胞培养衍化后产生的，和著名的 Hela 细胞系、犬肾细胞（MDCK 细胞）一样是常用的细胞系。

Vero 细胞系是从非洲绿猴的肾脏上皮细胞中分离培养出来的。这个细胞系由日本千叶大学的 Yasumura 和 Kawakita 于 1962 年 3 月 27 日扩增出来。

　　Vero 细胞是一种贴壁依赖型细胞，需要附着于带适量电荷的固体或半固体表面才能生长。贴壁依赖型细胞在培养时要贴附于培养器皿（瓶）壁上，细胞一经贴壁就迅速铺展，然后开始有丝分裂，并很快进入对数生长期。一般在数天后就铺满培养瓶表面，并形成致密的细胞单层。

　　Vero 细胞可用于检查大肠杆菌毒素。大肠杆菌毒素最初就因此细胞系而被命名为 Vero 毒素，后来被称为志贺菌素样毒素，因为它与在痢疾志贺菌中分离出来的志贺菌素很相似。可作为培养病毒的细胞宿主。比如：测定某种药物对病毒复制速度的影响，检验是否存在狂犬病毒或者为了研究目的培养病毒。也可作为真核寄生虫的宿主细胞，尤其是锥体虫属。

　　Vero 细胞作为一种国际上通用的连续细胞系，具有很大的应用潜力，是由世界卫生组织推荐用于生产人用免疫生物制品的连续细胞系。目前，Vero 细胞广泛用于规模化人用疫苗的生产，已用于狂犬病疫苗和重组蛋白的生产。

　　VERO 细胞的培养步骤如下：

### 1. 材料及器材

　　（1）VERO 细胞

　　（2）试剂　基础培养液 DMEM、小牛血清、磷酸盐缓冲液（PBS 缓冲液 pH 7.2）、0.25% 胰蛋白酶消化液、完全 DMEM 液（含 10% 胎牛血清，1% 的 1 万单位/mL 双抗）等。

　　（3）超净工作台、倒置显微镜、$CO_2$ 培养箱、25mL 卡氏细胞培养瓶、弯头吸管及胶头等。

2. 操作步骤

（1）穿戴好白大褂和手套，75％乙醇擦手，取离心管一个，把离心管置于架子上。将废液缸喷足酒精移入超净台，取酒精棉放入超净台，然后用75％乙醇擦一下台面，点燃酒精灯。

（2）取尖吸管、量管。

（3）将培养基（如有需要还有血清和大瓶高糖培养基）、PBS、0.25％胰蛋白酶、DMEM培养基等预热及超净台消毒结束后，将试剂及细胞等用酒精消毒后移入超净台。

（4）取出细胞，显微镜下观察细胞形态和密度，确定细胞生长状况，是否需要传代或换液（细胞生长到80％～90％汇合时传代最好）。

（5）将瓶口拧松，过火消毒。

（6）用尖吸管弃去瓶内旧的培养基，吸量管加入PBS。

（7）用尖吸管清洗细胞表面，然后将PBS弃掉；加入适量胰酶，轻轻摇动培养瓶，使消化液流遍所有细胞表面，然后吸掉或倒掉消化液后再加1～2mL新的消化液，轻轻摇动后再倒掉大部分消化液，仅留少许进行消化。也可不采用上述步骤，直接加消化液进行消化。

（8）将细胞放入37℃孵箱或25℃以上室温环境下进行消化。

（9）消化2～5min后把培养瓶放置显微镜下进行观察，发现细胞质回缩、细胞间隙增大后，应立即终止消化。

（10）用尖吸管弃去或倒掉胰酶，加适量完全培养基吹打混匀细胞（沿壁轻轻吹打），至所有细胞从培养瓶底部脱落下来；吸量管吸取适量培养基加入新的培养瓶中，混匀。

（11）擦计数板，用枪吸10μL的液体，计数。不要把枪伸到离心管内。按接种密度不低于$5×10^5$ 个/mL 个细胞进行传代。

（12）在培养瓶上标记好细胞名称、代数及传代日期并放入 $CO_2$ 培养箱。

（13）用酒精棉仔细擦拭超净台表面，检查显微镜是否关闭，$CO_2$ 培养箱是否正常。

（14）做试验记录，打开超净台和细胞间紫外灯，15min 后关闭。

## 三、HeLa 细胞的培养

HeLa 细胞是生物学与医学研究中使用的一种细胞，源自一位美国妇女海莉耶塔·拉克斯（Henrietta Lacks）的子宫颈癌细胞的细胞系。在医学界 Hela 细胞被广泛应用于肿瘤研究、生物实验或者细胞培养，已经成为医学研究中非常重要的工具。

HeLa 细胞特点：可以连续传代；细胞株不会衰老致死，并可以无限分裂下去；此细胞系跟其它癌细胞相比，增殖异常迅速；感染性极强。

HeLa 细胞系是被人类乳突状瘤病毒第 18 型转化的，和正常子宫颈细胞有许多不同。已证实 HeLa 细胞系难以控制。此细胞系有时会污染同一实验室的其它细胞培养物，干扰生物学的研究。

HeLa 细胞的培养步骤如下。

### 1. 材料及器材

（1）HeLa 细胞

（2）试剂　基础培养液 DMEM、小牛血清、磷酸盐缓冲液（PBS 缓冲液 pH 7.2）、消化液（0.25％胰蛋白酶和 0.02％EDTA 溶液配成）、完全 DMEM 液（含 10％胎牛血清，1％的 1 万单位/mL 双抗）、versene 液（0.02％EDTA 溶液）。

（3）超净工作台、倒置显微镜、$CO_2$ 培养箱、25mL 卡氏细胞培养瓶、弯头吸管及胶头等。

**2. 操作步骤**

（1）观察培养基是否正常，细胞状态如何，细胞密度如何，决定是否传代。观察时拧紧盖子。

（2）加热 PBS、培养基（提前做好），瓶子不要倒着放，不要让液体接触到瓶塞。

（3）打开超净台（先开风机，后开照明），用 75％乙醇清洁台面，点燃酒精灯。不要把废液缸拿出去倒，如果废液太多，可以用其它容器先装废液。取小离心管一个，置于架子上。

（4）取尖吸管、吸量管各一支，放置在专用的架上。注意吸管、吸量管前端都不要与架子接触。

（5）取待传代的细胞。打开 versene，用酒精灯外焰烧。烧吸管时距离酒精灯芯远些，不要把渣滓带进去。把试剂拿入台子的时候，尽量平稳，不要让试剂碰到瓶口。

（6）用吸量管吸取旧的培养基，置离心管中，吸量管加入 versene，然后将 versene 瓶收起来（加 versene 主要是为了将旧培养基洗去）。在离心管中间部分将液体加入。吸液体和加液体时都不要对着细胞。

（7）打开胰酶，然后将 versene 弃掉。换新管，用尖吸管吸取适量胰酶加入。加胰酶后，尽快放平，使细胞消化时间一致。

（8）将细胞放入 37℃ 孵箱。放孵箱 2min，收胰酶，打开 PBS。之后拿出来镜下随时观察。使用二次消化法，去除容器中残余的细胞。别忘了用旧培养基中和。

（9）取细胞，镜下观察消化情况。消化程度合适之后（细胞变圆，但不漂起），用尖吸管弃去胰酶，取离心管中的培养基加入细胞，吹打，至所有细胞从培养瓶底部脱落下来。用 PBS 洗细胞，versene 对细胞有毒性，且不能被血清中和。然后吸取至离心管中，800r/min 离心 5min。

（10）吸量管吸取适量培养基加入新的培养皿中。

（11）细胞离心毕，用吸新培养基的管弃去上清，先把泡沫吸走。换吸量管吸取培养皿中培养基适量，加入离心管，小体积混匀，将细胞重悬，尖吸管吹匀。

（12）擦计数板，用枪吸 10μL 的液体，计数。不要把枪伸到离心管内。

（13）吸量管吸取细胞悬液，加入新的培养瓶中。镜下观察，摇匀，放入 37℃ 孵育。

（14）在记录单或实验记录本上完成观察及换液记录。

（15）清走所有吸管、玻璃用品等，擦拭工作面。

# 第四节 ▍ 传代细胞的大规模培养

动物细胞大规模培养技术（Large-scale culture technology）是指在人工条件下（设定 pH、温度、溶氧等），在细胞生物反应器（Bioreactor）中高密度大量培养动物细胞用于生产生物制品的技术。

目前可大规模培养的动物细胞有鸡胚、猪肾、猴肾、地鼠肾等多种原代细胞及人二倍体细胞、CHO（中华仓鼠卵巢）细胞、BHK-21（仓鼠肾细胞）、Vero 细胞（非洲绿猴肾传代细胞，是贴壁依赖的成纤维细胞）等，并已成功生产了包括狂犬病疫苗、口蹄疫疫苗、甲型肝炎疫苗、乙型肝炎疫苗、红细胞生成素、单克隆抗体等产品。

## 一、悬浮规模培养

悬浮培养的规模首先涉及增加培养容器的容量。当深度超过 5mm 时，需要对培养液进行振荡，超过 5～10cm 时，需要用 $CO_2$ 和空气进行充气，以便维持细胞的气体交换。对培养物的振荡和搅拌速度要适宜，既要防止细胞发生沉降又要避免产生能够损伤细胞的切应力。如果血清浓度超过了 2%，应当加入 0.01%～0.1% 抗泡沫剂。若是使用无血清培养基培养，应在其中加入 1%～2% 羧甲基纤维素以增加培养基的黏性。应该注意每天检测细胞的生长率，细胞在培养 24h 后不出现迟滞期，且在收集时仍然呈对数生长，说明其生长效果良好。

## 二、单层规模培养

对于单层细胞的规模培养，需要以细胞数量和培养基容量的比例增加底物面积。常用的方法有多表面增殖法，多列阵培养皿、螺旋柱和培养管法，旋转培养法，灌流式单层培养法和微载体培养法等等。对于细胞生长的状况，可通过监控培养物 pH、$O_2$、$CO_2$ 和糖解离数据，或通过分析营养物质如葡萄糖和氨基酸的利用、代谢产物乳酸和氨的累积来监测。

## 三、动物细胞大规模培养的方法

根据动物细胞的类型，可采用贴壁培养、悬浮培养和固定化培养等三种培养方法进行大规模培养。据在体外培养时对生长基质依赖性差异，动物细胞可分为两类：

（1）贴壁依赖型细胞　需要附着于带适量电荷的固体或半固体表面才能生长，大多数动物细胞，包括非淋巴组织细胞和许多异倍体细胞均属于这一类。

（2）非贴壁依赖型细胞　无需附着于固相表面即可生长，包括血液、淋巴组织细胞、许多肿瘤细胞及某些转化细胞。

### （一）贴壁培养

贴壁培养是指细胞贴附在一定的固相表面进行的培养。需要附着于带适量电荷的固体或半固体表面才能生长，大多数动物细胞，包括非淋巴组织细胞和许多异倍体细胞均属于这一类。贴壁依赖型细胞在培养时要贴附于培养（瓶）器皿壁上，原本为圆形的细胞一经贴壁就迅速铺展，然后开始有丝分裂，并很快进入对数生长期。一般数天后就铺满培养表面，并形成致密的细胞单层。贴壁的表面要求具有净阳电荷和高度面活性，对微载体而言还要求具一定电荷密度，若为有机物表面，必须具有亲水性，并带阳电荷。

贴壁培养的优点是细胞紧密黏附于固相表面，可直接倾去旧培养液，清洗后直接加入新培养液，容易更换培养液；因细胞固定载体表面，不需过滤系统，容易采用灌注方式培养，从而达到提高细胞密度的目的；当细胞贴壁于生长基质时，细胞将更有效的表达一种产品；同一设备可培养多种细胞，并根据需要采用不同的培养液和细胞的比例贴壁培养的缺点细胞繁殖贴壁后不易消化下来，培养的扩大比较困难；培养设施占地面积大，设备投资大；采用细胞反应器培养，细胞无法进行显微镜观察，不能有效监测细胞的生长状态；在测定和控制细胞所处环境的完全均匀化方面比较困难。

### 1. 微载体培养

微载体培养将对细胞无害的颗粒-微载体加入培养容器的培养液中，作为载体，使细胞在微载体表面附着生长，同时通过持续搅动使微载体始终保持悬浮状态的培养方法。经过 30 余年的发展，该技术目前已日趋完善和成熟，并广泛应用于生产疫苗、基因工程产品等。微载体培养是目前公认的最有发展前途的一种动物细胞大规模培养技术，其兼具悬浮培养和贴壁培养的优点，放大容易。目前微载体培养广泛用于培养各种类型细胞，生产疫苗、蛋白质产品，如 293 细胞、成肌细胞、Vero 细胞、CHO 细胞。

（1）微载体　微载体是指直径在 $60\sim250\mu m$，能适用于贴壁细胞生长的微珠。一般是由天然葡聚糖或者各种合成的聚合物组成。微载体的具体要求如下。①微载体的大小：增大单位体积内表面积（$S/F$）对细胞的生长非常有利。使微载体直径尽可能小，最好控制在 $100\sim200\mu m$ 之间。②微载体的密度：一般为 $1.03\sim1.05g/cm^2$，随着细胞的贴附及生长，密度可逐渐增大。③载体表面电荷密度要适中（交换量为 $1.5\sim2.8meq/g$），微球在最低转速搅拌（或电磁搅拌）能良好地悬浮，微球大小 200mm 左右，颗粒大小均匀，球表光滑，在悬浮中不损伤细胞，要尽量少地吸收营养成分和血清，对细胞无毒性。自 Van Wezel 用 DEAE-Sephadex A 50 研制的第一种微载体问世以来，国际市场上出售的微载体商品的类型已经达十几种以上，包括液体微载体、大孔明胶微载体、聚苯乙烯微载体、PHEMA 微载体、甲壳质微载体、聚氨酯泡沫微载体、藻酸盐凝胶微载体以及磁性微载体等。常用商品化微载体有 5 种：Cytodex1、Cytodex2、Cytodex3、Cytopore 和 Cytoline。

（2）微载体培养的操作要点　①培养初期：保证培养基与微球体处于稳定的 pH 与温度水平，接种细胞（对数生长期，而非稳定期）至终体积 1/3 的培养液中，以增加细胞与微载体接触的机会。不同的微载体所用浓度及接种细胞密度是不同的。常使用 $2\sim3g/L$ 的微载体含量，更高的微载体浓度需要控制环境或经常换液。②贴壁阶段（3～8d）后，缓慢加入培养液至工作体积，并且增加搅拌速度保证完全均质混合。③培养维持期：进行细胞计数（胞核计数）、葡萄糖测定及细胞形态镜检。随意细胞增殖，微球变得越来越重，需增加搅拌速率。经过 3d 左右，培养液开始呈酸性，需换液，停止搅拌，让微珠沉淀 5min，弃掉适量体积的培养液，缓慢加入新鲜培养液（37℃），重新开始搅拌。④收获细胞：首先排干培养液，至少用缓冲液漂洗 1 遍，然后加入相应的酶，快速搅拌（75～125r/min）20～30min。然后解离收集细胞及其产品。⑤微载体培养的放大：可以通过增加微载体的含量或培养体积进行放大。使用异倍体或原代细胞培养生产疫苗、干扰素，已被放大至 4000L 以上。

（3）微载体培养的优缺点　表面积/体积（$S/V$）大，因此单位体积培养液的细胞产率高；把悬浮培养和贴壁培养融合在一起，兼有两者的优点；可用简单的显微镜观察细胞在微珠表面的生长情况；简化了细胞生长各种环境因素的检测和控制，重现性好；培养基利用率较高；放大容易；细胞收获过程不复杂；劳动强度小；培养系统占地面积和空间小。但其缺点是搅拌桨及微珠间的碰撞易损伤细胞；接种密度高；微载体吸附力弱，不适合培养悬浮型细胞。

### 2. 转瓶培养

培养贴壁依赖型细胞最初采用转瓶系统培养。转瓶培养一般用于小量培养到大规模培养的过渡阶段，或作为生物反应器接种细胞准备的一条途径。细胞接种在旋转的圆筒形培养器——转瓶中，培养过程中转瓶不断旋转，使细胞交替接触培养液和空气，从而提供较好的传质和传热条件。转瓶培养具有结构简单、投资少、技术成熟、重复性好、放大只需简单地增加转瓶数量等优点。但也有其缺点：劳动强度大，占地空间大，单位体积提供细胞生长的表面积小，细胞生长密度低，培养时监测和控制环境条件受到限制等。现在使用的转瓶培养系统包括二氧化碳培养箱和转瓶机两类。

### 3. 中空纤维培养

中空纤维细胞培养技术是模拟细胞在体内生长的三维状态，利用一种人工的"毛细管"即中空纤维给培养的细胞提供物质代谢条件而建立的一种体外培养系统。中空纤维培养技术的优点是无剪切、高传质、营养成分的选择性渗入，使培养细胞和产物密度都可达到比较高的水平。缺点是膜的污染和堵塞，观察困难，细胞生长或过量气体产生会破坏纤维。中空纤维培养技术的发展趋势是让细胞在管束外空间生长，以达到更高的细胞培养密度。目前中空纤维反应器已进入工业化生产，主要用于培养杂交瘤细胞来生产单克隆抗体。

（二）固定化培养

固定化培养是将动物细胞与水不溶性载体结合起来，再进行培养。悬浮培养适用于非贴壁依赖性细胞，贴壁培养适用于贴壁依赖性细胞，而固定化培养对上述两大类细胞都适用。具有细胞生长密度高、抗剪切力和抗污染能力强等优点，细胞易与产物分开，有利于产物分离纯化。制备方法很多，包括吸附法、共价贴附法、离子/共价交联法、包埋法、微囊法等。

1. 吸附法

用固体吸附剂将细胞吸附在其表面而使细胞固定化的方法称为吸附法。操作操简便、条件温和，是动物细胞固定化中最早研究使用的方法。缺点是：载体的负荷能力低，细胞易脱落。微载体培养和中空纤维培养是该方法的代表。

2. 共价贴附法

利用共价键将动物细胞与固相载体结合的固定化方法称为共价贴附法。此法可减少细胞的泄漏，但须引入化学试剂，对细胞活性有影响，且因贴附而导致扩散限制小，细胞得不到保护。

### 3. 离子/共价交联法

双功能试剂处理细胞悬浮液，会在细胞间形成桥而絮结产生交联作用，此固定化细胞方法称为离子/共价交联法。交联试剂会使一些细胞死亡，也会产生扩散限制。

### 4. 包埋法

将细胞包埋在多孔载体内部制成固定化细胞的方法称为包埋法。优点是：步骤简便、条件温和、负荷量大、细胞泄漏少，抗机械剪切。缺点是：扩散限制，并非所有细胞都处于最佳基质浓度，且大分子基质不能渗透到高聚物网络内部。一般适用于非贴壁依赖型细胞的固定化，常用载体为多孔凝胶，如琼脂糖凝胶、海藻酸钙凝胶和血纤维蛋白。

（1）海藻酸钙凝胶　海藻酸钙凝胶包埋法是将动物细胞与一定量的海藻酸钠溶液混合均匀，然后滴到一定浓度的氯化钙溶液中形成直径约 1mm 内含动物细胞的海藻酸钙胶珠，分离洗涤后即可用于培养。此法操作时条件温和，对活细胞损伤小。但固定后机械强度不高。为了大量制备海藻酸钙凝胶包埋的固定化细胞，国外已有专门的振动喷嘴设备可供使用。

（2）琼脂糖凝胶　琼脂糖凝胶可用二相法制得。将含有细胞的琼脂糖溶液分散到一个水不溶相中（如石蜡油），形成直径 0.2mm 凝胶珠，移去石蜡油后，细胞即可进行培养。同海藻钙一样，琼脂糖更适于培养悬浮细胞。尽管凝胶珠形成过程很复杂，目前放大体积不超过 20L。但琼脂糖凝胶无毒性，具有较大的空隙，可以允许大分子物质自由扩散，因此该法特别适用于蛋白产物的连续生产。有人曾用琼脂糖包埋杂交瘤细胞和淋巴细胞生产单克隆抗体和白细胞介素。

（3）血纤维蛋白　将动物细胞与血纤维蛋白原混合，然后加入凝血酶。凝血酶将血纤维蛋白原转化为不溶性的血纤维蛋白，将动物细胞固定在其中。血纤维蛋白可以促进细胞贴壁，因此两种类型的细胞都适于培养。而且基质高度多孔，允许大分子物质的自由扩散。但机械强度差，对剪切力很敏感。

### 5. 微囊法

（1）微囊法培养的概念和优缺点　微囊法培养是指在无菌条件下将拟培养的细胞、生物活性物质以及生长介质共同包裹在薄的半透膜中形成微囊，再将微囊放入培养系统内进行培养的方法。生长介质为 1.4% 海藻酸钠溶液，半透膜由多聚赖氨酸形成。动物细胞包围在微囊里，细胞不能逸出，但小分子物质及营养物质可自由出入半透膜；囊内是一种微小培养环境，与液体培养相似，能保护细胞少受损伤，故细胞生长好、密度高。微囊直径控制在 $200\sim400\mu m$ 为宜。胶囊化培养的优点是：可防止细胞在培养过程中受到物理损伤；活性蛋白不能从囊中自由出入半透膜，从而提高细胞密度和产物含量，并方便分离纯化处理。缺点是：微囊制作复杂，成功率不高；微囊内死亡的细胞会污染正常产物；收集产物必须破壁，不能实现生产连续化。

（2）微囊法培养的操作过程　①将拟培养的细胞制备成细胞悬液。②在无菌条件下，将待培养细胞及生物活性物质悬浮在 1.4% 海藻酸钠溶液中，成为胶状液。通过特制的成滴器，将含有细胞的胶状液形成一定大小的液滴，滴入 $CaCl_2$ 溶液中，使之成为内含细胞的凝胶小珠。然后，将凝胶小珠用多聚赖氨酸包裹，形成微囊。最后，重新液化微囊内的凝胶小珠，合成胶的物质从多聚赖氨酸外膜流出。微囊内仅留下待培养的细胞及生物活性物质。③将内有细胞及生物活性物质的微囊谢谢搅拌式或气升式反应器培养系统中进行培养。④培养一定时间后，待细胞分泌的产物含量达到一定程度，终止培养。收集培养后的微囊。离心、沉淀，并用平衡盐溶液洗涤微囊。然后，以物理方法破坏微囊。再通过离心去除细胞及微囊碎片。收获上清液，分离纯化细胞产物。

制备中应注意：温和、快速、不损伤细胞，尽量在液体和生理条件下操作；所用试剂和膜材料对细胞无毒害；膜的孔径可控制，必须使营养物和代谢物自由通过；膜应有足够机械强度抵抗培养中搅拌。

（三）悬浮培养

悬浮培养是指细胞在反应器中自由悬浮生长的过程，通过振荡或转动装置使细胞始终处于分散悬浮于培养液内的培养方法。是在微生物发酵的基础上发展起来的。主要用于非贴壁依赖型细胞培养，如 BHK-21、杂交瘤细胞等。

1. 生长特性

该法将采集到的活体动物组织分散、过滤、离心、纯化、漂洗后接种到适宜的培养液中，并置于特定条件下进行自由悬浮培养。无血清悬浮培养是用已知人源或动物来源的蛋白或激素代替动物血清的一种细胞培养方式，它能减少后期纯化工作，提高产品质量，正逐渐成为动物细胞大规模培养的研究新方向。

## 2. 悬浮培养的优点

（1）操作简单、培养条件均一、便于进行定量研究。

（2）传质和传氧比较好，有利于细胞与培基中的营养物质和气体充分接触，而且易于控制培养条件（温度、pH、氧分压和 $CO_2$ 等）。

（3）它们在离体培养时不需要附着物，只需悬浮于培养液中就可以良好生长。

（4）悬浮培养法细胞增殖快，产量高，设备结构简单。

（5）细胞传代时不需要再分散，只需按比例稀释即可继续培养。可借鉴细菌发酵的经验，容易扩大培养规模，可连续扩大生产量。

（6）易于在连续密闭的系统中进行，减少了操作步骤和污染的机会。

## 3. 悬浮培养的缺点

（1）细胞密度较低，较难采用灌流培养。

（2）转化细胞悬浮培养有潜在致癌的危险，培养病毒易失去病毒标记而降低免疫能力。

（3）适于悬浮培养的动物细胞种类很少，大多数动物细胞属于贴壁依赖性的，因此不能悬浮培养。

## 四、动物大规模培养技术的应用

动物细胞大规模培养已成功用于生产疫苗、蛋白质因子、免疫调节剂及单克隆抗体等产品。同是动物细胞大规模培养也是生物工业中大量增殖新型有用细胞不可缺少的技术，一些培养细胞甚至还可用于治疗等。

### 1.生产疫苗

目前已实现商业化的产品有口蹄疫疫苗、狂犬病疫苗、牛白血病病毒疫苗、脊髓灰质炎病毒疫苗、乙型肝炎疫苗、疱疮病毒疫苗、巨细胞病毒疫苗等。1983年，英国Wellcome公司就已能够利用动物细胞进行大规模培养生产口蹄疫疫苗。美国Genentech公司应用SV40为载体，将乙型肝炎病毒表面抗原基因插入哺乳动物细胞内进行高效表达，已生产出乙型肝炎疫苗。

### 2.生产多肽和蛋白质类药物

许多人用和兽用的重要蛋白质药物，尤其是那些相对较大、较复杂或糖基化的蛋白质，动物细胞培养是首选的生产方式。现在通过动物细胞大规模培养生产的多肽和蛋白质类药物有凝血因子Ⅷ和凝血因子Ⅸ、促红细胞生成素、生长激素、IL-2、神经生物因子等。

### 3.生产免疫调节剂及单克隆抗体

利用动物细胞进行大规模培养生产的免疫调节剂主要有α干扰素、β干扰素和γ干扰素，免疫球蛋白IgG、IgA、

IgM 及 200 种单克隆抗体等。

## 五、动物细胞生物反应器

动物细胞培养技术能否大规模工业化、商业化，关键在于能否设计出合适的生物反应器。由于动物细胞与微生物细胞有很大差异，传统的微生物反应器显然不适用于动物细胞的大规模培养。首先必须满足在低剪切力及良好的混合状态下，能够提供充足的氧以供细胞生长及细胞进行产物的合成。

### 1. 生物反应器分类

目前，动物细胞培养用生物反应器主要包括转瓶培养器、塑料袋增殖器、填充床反应器、多层板反应器、螺旋膜反应器、管式螺旋反应器、陶质矩形通道蜂窝状反应器、流化床反应器、中空纤维及其它膜式反应器、搅拌反应器、气升式反应器等。按其培养细胞的方式不同，这些反应器可分为以下三类：

（1）悬浮培养用反应器　如搅拌反应器、中空纤维反应器、陶质矩形通道蜂窝状反应器、气升式反应器。

（2）贴壁培养用反应器　如搅拌反应器（微载体培养）、玻璃珠床反应器、中空纤维反应器、陶质矩形通道蜂窝状反应器。

（3）包埋培养用反应器　如流化床反应器、固化床反应器。

### 2. 搅拌罐生长反应器

最经典、最早被采用的一种生物反应器。此类反应器与传统的微生物反应器类似，针对动物细胞培养的特点，采用了不同的搅拌器及通气方式。通过搅拌器的作用使细胞和养分在培养液中均匀分布，使养分充分被细胞利用，并增大气液接触面，有利于氧的传递。现已开发的有笼式通气搅拌器、双层笼式通气搅拌器、桨式搅拌器、海般式搅拌器等。

### 3. 气升式生物反应器

1979年首次应用气升式生物反应器成功地进行了动物细胞的悬浮培养。气升式生物反应器的优点：罐内液体流动温和均匀，产生剪切力小，对细胞损伤较小；可直接喷射空气供氧，因而氧传递率较高；液体循环量大，细胞和养分都能均匀分布于培养液中；结构简单，利于密封并降低了造价。常用的气升式反应器有三种：内循环式气升式、外循环式气升式、内外循环式气升式生物反应器。

### 4. 鼓泡式生物反应器

与气升式反应器相类似，是利用气体鼓泡来进行供氧及混合，其设计原理与气升式生物反应器也相同。

### 5. 中空纤维生物反应器

用途较广，既可用于悬浮细胞的培养，又可用于贴壁细胞的培养。其原理是：模拟细胞在体内生长的三维状态，利用反应器内数千根中空纤维的纵向布置，提供细胞近似生理条件的体外生长微环境，使细胞不断生长。中空纤维是一种细微的管状结构，管壁为极薄的半透膜，富含毛细管，培养时纤维管内灌流充以氧气的无血清培养液，管外壁则供细胞黏附生长，营养物质通过半透膜从管内渗透出来供细胞生长；对于血清等大分子营养物，必须从管外灌入，否则会被半透膜阻隔不能被细胞利用；细胞的代谢废物也可通过半透膜渗入管内，避免了过量代谢物对细胞的毒害作用。优点：占地空间少；细胞产量高，细胞密度可达 $10^9$ 数量级；生产成本低，且细胞培养维持时间长，适用于长期分泌的细胞。

### 6. 生物反应器的设计和放大

设计的总体考虑：①结构严密，能耐受蒸汽灭菌，采用对生物催化剂无害和耐蚀材料制作，内壁光滑无死角，内部附件尽量减少，以维持纯种培养需要；②有良好的气-液接触和液-固混合性能和热量交换性能，使质量与热量传递有效地进行；③保证产物质量和产量前提下，尽量节省能源消耗；④减少泡沫产生，或附有消沫装置以提高装料系数，并有必要可靠的参数检测和控制仪表并能与计算机联机。

生物反应器的放大一种新的生物技术产品从实验室到工业生产的开发过程中，会遇到生物反应器的逐级放大问题，每一级约放大 10～100 倍。生物反应器的放大，表面看来仅是一个体积或尺度放大问题，实际上并不是那么简单。反应器放大研究虽已提出了不少方法，但还没有一种是普遍都能适用的。目前还只能是半理论半经验的，即抓住反应过程中的少量关键性参数或现象进行放大。

有关氧传递问题在生物反应器中，氧的传递速率要满足细胞对氧的摄取速率，并使反应器中溶解氧的浓度 $CL$ 要维持在一定水平上。这就是说，在稳态情况下，供氧与需氧间存在下列关系：$KLa\,(C^* - CL) = r$，此处，$KLa$ 为氧的传递系数；$C^*$ 为相当气相氧分压的溶氧浓度，$CL$ 为培养液中溶氧浓度，$r$ 为摄氧率。

影响供氧的因素从上式可知 $r = KLa(C^* - CL)$；因此影响供氧的因素总体上讲是 $KLa$ 和（$C^* - CL$）值。要增大（$C^* - CL$），无非是增大 $C^*$ 值或降低 $CL$ 值。增大 $C^*$ 的措施，有适当增加反应器中操作压力和增大气相中的氧分压两个方法。在实际操作中，反应器保持一定正压，以防止大气中的杂菌从轴封、阀门等处侵入，但在增加罐压的同时，发酵代谢所产生的 $CO_2$ 也会更多地溶解于培养液而对发酵不利。至于 $CL$ 值，一般不允许过分减小，因为细胞在生长中有一个临界氧浓度，低于此临界值，细胞的呼吸将受到抑制。

影响 $KLa$ 的因素大致可分为三个方面：一是反应器的结构，包括相对几何尺寸的比例；二是操作条件，如搅拌功率或循环泵功率的输入量、通气量等；三是培养或发酵液的物理化学性质，如流变特性，特别是其黏度或显示黏度、表面张力、扩散系数、细胞形态、泡沫程度等。

生物反应器中的传热在细胞培养和发酵过程中，热量的释放是普遍存在的。这是因为在培养或发酵过程中细胞与周围环境的物质产生新陈代谢，即发生异化（分解）作用和同化（合成）作用，而异化作用一般释放能量，同化作用则是吸收能量。同化作用包括细胞生长、繁殖、产物形成所需能量来自细胞对培养基中的基质及营养成分的异化。从热力学角度讲，异化所产生能量必然应多于同化所需要能量，而多余的能量则转化为热能释放到周围环境中去。无论是涉及细胞或酶的反应中，释放出的热量都应及时移去，以免影响过程的正常进行，为此在生物反应器中一般都附有冷却装置。

## 六、大规模培养技术的操作方式

无论培养何种细胞，就操作方式而言，深层培养可分为分批式、流加式、半连续式、连续式、细胞工厂式和灌流式五种。

### 1. 分批式培养

是细胞规模培养发展进程中较早期采用的方式，也是其它操作方式的基础。该方式采用机械搅拌式生物反应器，将细胞扩大培养后，一次性转入生物反应器内进行培养，在培养过程中其体积不变，不添加其它成分，待细胞增长和产物形成积累到适当的时间，一次性收获细胞、产物、培养基的操作方式。

该方式的特点：

（1）操作简单 培养周期短，染菌和细胞突变的风险小。反应器系统属于封闭式，培养过程中与外部环境没有物料交换，除了控制温度、pH 值和通气外，不进行其它任何控制，因此操作简单，容易掌握。

（2）直观反映细胞生长代谢的过程 因培养期间细胞生长代谢是在一个相对固定的营养环境，不添加任何营养成分，因此可直观地反映细胞生长代谢的过程，是动物细胞工艺基础条件或"小试"研究常用的手段。

（3）可直接放大 由于培养过程工艺简单，对设备和控制的要求较低，设备的通用性强，反应器参数的放大原理和过程控制，比较其它培养系统较易理解和掌握，在工业化生产中分批式培养操作是传统的、常用的方法，其工业反应器

（Genetech）规模可达 12000L。

分批培养过程中，细胞的生长分为五个阶段：延滞期、对数生长期、减速期、平稳期和衰退期。分批培养的周期时间多在 3～5d，细胞生长动力学表现为细胞先经历对数生长期（48～72h）细胞密度达到最高值后，由于营养物质耗竭或代谢毒副产物的累积细胞生长进入衰退期进而死亡，表现出典型的生长周期。收获产物通常是在细胞快要死亡前或已经死亡后进行。

### 2. 流加式培养

流加式培养是在批式培养的基础上，采用机械搅拌式生物反应器系统，悬浮培养细胞或以悬浮微载体培养贴壁细胞，细胞初始接种的培养基体积一般为终体积的 1/3～1/2，在培养过程中根据细胞对营养物质的不断消耗和需求，流加浓缩的营养物或培养基，从而使细胞持续生长至较高的密度，目标产品达到较高的水平，整个培养过程没有流出或回收，通常在细胞进入衰亡期或衰亡期后进行终止回收整个反应体系，分离细胞和细胞碎片，浓缩、纯化目标蛋白。

流加式培养特点：①流加式培养根据细胞生长速率、营养物消耗和代谢产物抑制情况，流加浓缩的营养培养基。流加的速率与消耗的速率相同，按底物浓度控制相应的流加过程，保证合理的培养环境与较低的代谢产物抑制水平。②培养过程以低稀释率流加，细胞在培养系统中停留时间较长，总细胞密度较高，产物浓度较高。③流加式培养过程须掌握细胞生长动力学、能量代谢动力学，研究细胞环境变化时的瞬间行为。流加式培养细胞培养基的设计和培养条件与环境优化，是整个培养工艺中的主要内容。④在工业化生产，悬浮流加培养工艺参数的放大原理和过程控制，比其它培养系统较易理解和掌握，可采用工艺参数的直接放大。

流加式培养是当前动物细胞培养中占有主流优势的培养工艺，也是近年来动物细胞大规模培养研究的热点。流加式培养中的关键技术是基础培养基和流加浓缩的营养培养基。通常进行流加的时间多在指数生长后期，细胞在进入衰退期之前，添加高浓度的营养物质。可以添加一次，也可添加多次，为了追求更高的细胞密度往往需要添加一次以上，直至细胞密度不再提高；可进行脉冲式添加，也可以降低的速率缓慢进行添加，但为了尽可能地维持相对稳定的营养物质环境，后者采用较多；添加的成分比较多，凡是促细胞生长的物质均可以进行添加。流加的总体原则是维持细胞生长相对稳定的培养环境，营养成分既不过剩而产生大量的代谢副产物造成营养利用效率下降而成为无效的利用；也不缺乏导致细胞生长抑制或死亡。

流加工艺中的营养成分主要分为三大类。①葡萄糖：葡萄糖是细胞的供能物质和主要的碳源物质，然而当其浓度较高时会产生大量的代谢产物乳酸，因而需要进行其浓度控制，以足够维持细胞生长而不至于产生大量副产物的浓度为佳。②谷氨酰胺：谷氨酰胺是细胞的供能物质和主要的氮源物质，然而当其浓度较高时会产生大量的代谢产物氨，因而也需要进行其浓度控制，以足够维持细胞生长而不至于产生大量副产物的浓度为佳；大规模培养中细胞凋亡主要出于营养物质的耗竭或代谢产物的堆积引起，如谷氨酰胺的耗竭是最常见的凋亡原因，而且凋亡一旦发生，补加谷氨酰胺已不能逆转凋亡。另外，动物细胞在无血清、无蛋白培养基中进行培养时，细胞变得更为脆弱，更容易发生凋亡。③氨基酸、维生素及其它：主要包括营养必需氨基酸、营养非必需氨基酸、一些特殊的氨基酸（如羟脯氨酸、羧基谷氨酸和磷酸丝氨酸）；此外还包括其它营养成分（如胆碱、生长刺激因子）。添加的氨基酸形式多为左旋氨基酸，因而多以盐或前体的形式替代单分子氨基酸，或者添加四肽或短肽的形式。在进行添加时，不溶性氨基酸如胱氨酸、酪氨酸和色氨酸只在中性 pH 值部分溶解，可采用泥浆的形式进行脉冲式添加；其它可溶性氨基酸以溶液的形式用蠕动泵进行缓慢连续流加。

流加式培养分为两种类型：单一补料分批式培养和反复补料分批式培养。①单一补料分批式培养是在培养开始时投入一定量的基础培养液，培养到一定时期，开始连续补加浓缩营养物质，直到培养液体积达到生物反应器的最大操作容积时停止补加，最后将细胞培养液一次全部放出。该操作方式受到反应器操作容积的限制，培养周期只能控制在较短的时间内。②反复补料分批式培养是在单一补料分批式操作的基础上，每隔一定时间按一定比例放出一部分培养液，使培养液体积始终不超过反应器的最大操作容积，从而在理论上可以延长培养周期，直至培养效率下降，才将培养液全部放出。

### 3. 半连续式培养

半连续式培养又称为重复分批式培养或换液培养。采用机械搅拌式生物反应器系统和悬浮培养形式。在细胞增长和产物形成过程中，每间隔一段时间，从中取出部分培养物，再用新的培养液补足到原有体积，使反应器内的总体积不变。

这种类型的操作是将细胞接种一定体积的培养基，让其生长至一定的密度，在细胞生长至最大密度之前，用新鲜的培养基稀释培养物，每次稀释反应器培养体积的 $1/2\sim3/4$，以维持细胞的指数生长状态，随着稀释率的增加培养体积逐步增加。或者在细胞增长和产物形成过程中，每隔一定时间，定期取出部分培养物，或是条件培养基，或是连同细胞、载体一起取出，然后补加细胞或载体，或是新鲜的培养基继续进行培养的一种操作模式。剩余的培养物可作为种子，继续培养，从而可维持反复培养，而无需反应器的清洗、消毒等一系列复杂的操作。在半连续式操作中由于细胞适应了生物反应器的培养环境和相当高的接种量，经过几次稀释、换液培养过程，细胞密度常常会提高。

半连续式特点：培养物的体积逐步增加；可进行多次收获；细胞可持续指数生长，并可保持产物和细胞在较高的浓度水平，培养过程可延续到很长时间。

该操作方式的优点是操作简便，生产效率高，可长时期进行生产，反复收获产品，可使细胞密度和产品产量一直保持在较高的水平。在动物细胞培养和药品生产中被广泛应用。

### 4. 连续式培养

连续式培养是一种常见的悬浮培养模式，采用机械搅拌式生物反应器系统。该模式是将细胞接种于一定体积的培养基后，为了防止衰退期的出现，在细胞达最大密度之前，以一定速度向生物反应器连续添加新鲜培养基；同时，含有细胞的培养物以相同的速度连续从反应器流出，以保持培养体积的恒定。理论上讲，该过程可无限延续下去。

**动物细胞培养技术**

连续式培养的优点是反应器的培养状态可以达到恒定，细胞在稳定状态下生长。稳定状态可有效延长分批培养中的对数生长期。在稳定状态下细胞所处的环境条件如营养物质浓度、产物浓度、pH 值可保持恒定，细胞浓度以及细胞比生长速率可维持不变。细胞很少受到培养环境变化带来的生理影响，特别是生物反应器的主要营养物质葡萄糖和谷氨酰胺维持在一个较低的水平，从而使他们的利用效率提高、有害产物积累有所减少。然而在高的稀释率下，虽然死细胞和细胞碎片及时清除，细胞活性高，最终细胞密度得到提高；可是产物却不断在稀释，因而产物浓度并未提高；尤其是细胞和产物不断地稀释，营养物质利用率、细胞增长速率和产物生产速率低下。

连续式培养的不足：由于是开放式操作，加上培养周期较长，容易造成污染；在长周期的连续培养中，细胞的生长特性以及分泌产物容易变异；对设备、仪器的控制技术要求较高。连续式培养操作使用的反应器多数是搅拌式生物反应器，也可以是管式反应器。

连续式培养的特点：细胞维持指数增长；产物体积不断增长；可控制衰退期与下降期。

### 5. 灌流式培养

灌流式培养是把细胞和培养基一起加入反应器后，在细胞增长和产物形成过程中，不断地将部分条件培养基取出，同时又连续不断地灌注新的培养基。它与半连续式操作的不同之处在于取出部分条件培养基时，绝大部分细胞均保留在反应器内，而半连续培养在取培养物的同时也取出了部分细胞。

第五章 细胞建系、传代培养技术

灌流式培养常使用的生物反应器主要有两种形式。一种是用搅拌式生物反应器悬浮培养细胞，这种反应器必须具有细胞截流装置，细胞截留系统开始多采用微孔膜过滤或旋转膜系统，最近开发的有各种形式的沉降系统或透析系统。

中空纤维的生物反应器是目前连续灌流操作中常用的一种反应器。它采用中空纤维半透膜，透过小分子量的产物和底物，截流细胞和分子量较大的产物，在连续灌流过程中将绝大部分细胞截留在反应器内；近年来中空纤维生物反应器被广泛应用于产物分泌性动物细胞的生产，主要用于培养杂交瘤细胞生产单克隆抗体。

另外一种形式是固定床或流化床生物反应器，固定床是在反应器中装配固定的篮筐，中间装填聚酯纤维载体，细胞可附着在载体上生长，也可固定在载体纤维之间，靠上搅拌中产生的负压，迫使培养基不断流经填料，有利于营养成分和氧的传递，这种形式的灌流速度较大，细胞在载体中高密度生长。流化床生物反应器是通过流体的上升运动使固体颗粒维持在悬浮状态进行反应，适合于固定化细胞的培养。

灌流式培养的优点：细胞截流系统可使细胞或酶保留在反应器内，维持较高的细胞密度，一般可达 $10^7 \sim 10^9$ 个/ml，从而较大地提高了产品的产量；连续灌流系统使细胞稳定的处在较好的营养环境中，有害代谢废物浓度积累较低；反应速率容易控制，培养周期较长，可提高生产率，目标产品回收率高；产品在罐内停留时间短，可及时回收到低温下保存，有利于保持产品的活性。

连续灌注培养是近年用于动物细胞培养生产分泌型重组治疗性药物和嵌合抗体及人源化抗体等基因工程抗体较为推崇的一种方式。应用连续灌流工艺的公司有 Genzyme、Genetic Institute、Bayer 公司等。这种方法最大困难是污染概率较高，长期培养中细胞分泌产品的稳定性，规模放大过程中工程问题。

### 6. 细胞工厂式培养

细胞工厂是一种设计精巧的细胞培养装置。它在有限的空间内利用了最大限度的培养表面，从而节省了大量的厂房空间，并可节省贵重的培养液。更重要的是，它可有效地保证操作的无菌性，从而避免因污染而带来的原料、劳务和时间损失。它是对传统转瓶培养的革命。

丹麦 NUNC 公司生产的 NUNC 细胞工厂是目前应用较多的细胞工厂系统。可用于如疫苗、单克隆抗体或生物制药等工业规模化生产，特别适合于贴壁细胞，也可用于悬浮培养，在从实验室规模进行放大时不会改变细胞生长的动力学条件，可提供 1、2、10 和 40 盘的规格使放大变得简单易行，低污染风险，节省空间，培养表面经测试保证最有利于细胞贴附和生长。同时，与 NUNC 的细胞工厂操作仪结合使用，可全面实现细胞培养的自动化，从而大大地降低劳动强度和密集度。这套系统使用很方便，可产生类似塑料培养瓶的效果。由组织培养级聚苯乙烯制成，使用后可随意处理。其最大缺点是：经胰酶消化后，很难将细胞完全洗出。

# 第六章

# 动物细胞的冻存、复苏及污染检测

## 第一节 ▌ 动物细胞冻存

细胞冻存就是将细胞悬浮在加有或不加冷冻保护剂的溶液中,以一定的冷冻速率降至零下某一温度,并在此温度下对其长期保存的过程。主要有 $-20 \sim -40℃$ 冰箱保存、$-60 \sim -80℃$ 深低温冰箱和液氮($-196℃$)超低温保存等。细胞冷冻储存在 $-70℃$ 冰箱中可以保存一年之久;细胞储存在液氮中,温度达 $-196℃$,理论上储存时间是无限的。

### 一、冻存的必要性

因为实验工作的需要,细胞系的价值非比寻常。如果细胞系受到破坏,再替换将是一件耗时耗力的事,如果这个细胞系具有独特的功能和意义,那么它将很难被替换。连续细胞系培养时的遗传不稳定性、有限细胞系的衰老都可使细胞发生变异;人为操作中还有可能发生仪器设备的失效和细胞间的交叉污染;另外,在不需要立即使用细胞或需要将细胞转给其它使用者时，都需要将细胞冻存。因此，必须对细胞进行优质的冻存，确保细胞价值得到保障。

## 二、冷冻保存的原理

动物细胞在不加任何冷冻保护剂的情况下直接冷冻，细胞内外的水分会很快形成冰晶，从而引起一系列不良反应。若细胞悬浮在纯水中，会因细胞内部的结晶造成细胞膜和细胞器的破坏，如果冰晶较多，随冷冻温度的降低，冰晶体积膨胀造成细胞核 DNA 空间构型发生不可逆的损伤，而致细胞死亡。这种因细胞内部结冰而导致的细胞损伤称为细胞内冰晶损伤（Intracellular ice-damage）。如果细胞悬浮在溶液中，随温度的降低，细胞外部水分首先形成冰晶，导致未结冰的溶液中电解质浓度升高，高溶质的溶液造成细胞脱水，使局部电解质浓度增高，pH 值改变，部分蛋白质由于上述原因而变性，引起细胞内部空间结构紊乱，溶酶体膜由此遭到损伤而释放出溶酶体酶，使细胞内结构成分造成破坏，线粒体肿胀，功能丢失，并造成能量代谢障碍。胞膜上的类脂蛋白复合体也易破坏引起细胞膜通透性的改变，使细胞内容物丢失。在复温时，大量水分会因此进入细胞内，造成细胞死亡。这种因保存溶液中溶质浓度升高而导致的细胞损伤称为溶质损伤（Solute damage）或称溶液损伤（Solution damage）。当温度进一步下降，细胞内外都结冰，产生冰晶损伤。

如果在溶液中加入冷冻保护剂，能提高细胞膜对水的通透性，加上缓慢冷冻可使细胞内的水分渗出细胞外，减少细胞内冰晶的形成，并且通过其摩尔浓度降低未结冰溶液中电解质的浓度，使细胞免受溶质损伤，细胞得以在超低温条件下保存。复苏细胞应采用快速融化的方法，一般以很快的速度升温，1～2min内即恢复到常温，这样可以保证细胞外结晶在很短的时间内即融化，避免由于缓慢融化使水分渗入细胞内形成胞内再结晶对细胞造成损伤，冻存的细胞经复苏后仍保持其正常的结构和功能。冷冻保护剂对细胞的冷冻保护效果还与冷冻速率、冷冻温度和复温速率有关。而且不同的冷冻保护剂其冷冻保护效果也不一样。

为提高细胞复苏的存活率，减少细胞损伤，应注意以下要点：

（1）缓慢冷冻可使细胞内的水分渗出细胞外，减少胞内形成冰结晶的机会，从而减少冰晶对细胞的损伤。

（2）选择合适的冷冻保护剂。

（3）保存环境温度尽可能低，可降低高浓度盐对冰中蛋白质变性的影响。

（4）快速复苏，减少细胞内晶体形成，以及细胞内残余冰晶溶解造成的细胞可溶性成分损失。

## 三、影响冻存细胞活性的因素

### （一）冷冻保护剂

冷冻保护剂指在冷冻保存细胞时加入保护细胞免受冷冻损伤的化合物，常被加到一定的溶液中进行配制，作为冷冻保护液。红细胞、大多数微生物和极少数有核的哺乳类动物细胞悬浮在水或简单的盐溶液中而不加冷冻保护剂，以最适的冷冻速率冷冻保存可获得活的冻存物。而对大多数有核哺乳类动物细胞来说，在不加冷冻保护剂的情况下，无最适冷冻速率可言，也不能获得活的冻存物。其保护机制是细胞冷冻悬液在完全凝固之前渗透到细胞内，在细胞内外产生一定的摩尔浓度，降低细胞内外未结冰溶液中电解质的浓度，从而保护细胞免受高浓度电解质的损伤，同时细胞内水分也不会过分外渗，避免了细胞过分脱水皱缩。目前使用较多的是二甲基亚砜（Dimethyl sulfoxide，DMSO）和甘油，这两种物质在深低温冷冻后对细胞无明显毒性，分子量小，溶解度大，易穿透细胞，可以使冰点下降，提高胞膜对水的通透性。

　　DMSO 穿透细胞的能力较甘油强，DMSO 的应用比甘油更为有效且广泛，它们的使用终浓度一般为 5%～10%。但要注意的是，DMSO 在常温下对细胞的毒性作用较大，而在 4℃时，其毒性作用大大减弱，且仍能以较快的速度渗透到细胞内。所以，冻存时 DMSO 平衡多在 4℃下进行，一般需要 40～60min，让甘油或 DMSO 等成分渗透到细胞内，在细胞内外达到平衡以起到充分的保护作用。另外由于 DMSO 有毒且能诱导细胞分化，复苏后需离心去除冷冻保护剂。

　　不同的冷冻保护剂有不同的优、缺点。目前一般多采用联合使用两种以上的冷冻保护剂组成保护液。许多实验室亦将冷冻液中的血清浓度增加到 40%、50%，甚至到 100%，以增加对细胞的保护作用。

（二）冻存温度

　　冻存温度是指能长久保存细胞的一个深低温度。在此温度下，细胞生化反应极其缓慢甚至停止。经过长期保存的细胞和组织在复苏后仍能保存正常的结构和功能。

冻存温度随不同的细胞和生物体以及不同的冷冻保存方法而不同。液氮温度（−196℃）是目前最佳冷冻保存温度。如果冷冻过程得当，一般生物样品在−196℃下，细胞生命活动几乎停止，复苏后细胞结构和功能完好，可保存 10 年以上。应用−70～−80℃保存细胞，短期内对细胞的活性无明显影响，但随着冻存时间延长，细胞存活率明显降低。在 0～40℃范围内保存细胞的效果不佳。

（三）细胞浓度

冻存细胞要求较高的细胞浓度，大多要求范围在 $1 \times 10^6 \sim 1 \times 10^7$ 个/ml 之间。这是因为以较高的浓度冻存细胞，其细胞存活率（Viability）和恢复率（Recovery）较高。此外较高的细胞冻存浓度，在细胞复苏接种时，低温保护剂可得到足够的稀释而不需离心（对大多数细胞而言）。

总而言之，冻存细胞浓度应保证在复苏时，冷冻保护剂得到 1∶10 或 1∶20 的稀释后，稀释后的细胞浓度仍高于正常传代时的浓度。假如正常培养细胞浓度要求为 $1 \times 10^5$ 个/ml，冻存细胞浓度则要达到 $1 \times 10^7$ 个/ml。如此复苏后，1ml 冻存培养液稀释 20 倍，细胞浓度为 $5 \times 10^5$ 个/ml，冷冻保护剂浓度从 10% 稀释到 0.5%，此浓度对细胞生长不再有毒害作用，细胞再次生长或贴壁后，随着培养液的更换，残余冷冻保护剂被稀释出去。

（四）冷冻速率

冷冻速率是指降温的速度，是活细胞能否被冷冻到一个能永久保存的温度的一个主要因素。冷冻速率太快或太慢都会造成细胞的损伤，只有以最适的冷冻速率冷冻细胞，才能控制细胞有足够的时间脱水而又不被过度脱水导致细胞损害，获得最佳的冷冻保存效果。大多数培养细胞以 1℃/min 的速度冷冻存活率最高。对于特定细胞，存在一个最佳降温速率。对具体一种细胞进行冷冻保存之前，首先需要测定其最适冷冻速率，以保证获得最高的冷冻存活率。

（五）复苏速率

复温速率是指细胞复苏时温度升高的速度。冷冻保存的细胞复苏时，复温速率不当也会降低冷冻存活率。一般来说复苏速度越快越好，使之迅速通过细胞最易受损的 -5～0℃。37℃水浴中，0.5～1min 内要完成复苏，避免细胞内再结晶的出现。

## 四、细胞冻存方法

细胞冻存方法一般可分为两种，即非玻璃化冻存和玻璃化冻存两种。非玻璃化冻存指慢速冷却低温保存，是利用各种温级的冰箱分阶段降温至 -70～-80℃，然后直接投入液氮进行保存；或者是利用电子计算机程控降温仪以及利用液氮的气、液相，按一定的降温速率从室温降至 -100℃以下，再直接投入液氮保存的方法。采取非玻璃化冻存的细胞悬液或多或少都有冰晶的形成。玻璃化冻存则是指利用多种高浓度的冷冻保护剂联合形成的玻璃化冷冻保护液保护悬浮细胞，直接投入液氮进行冻存的方法。其本质是液体在冷冻固化过程中，形成高度黏稠状态，其内部无晶体或仅少量结晶形成。在此状态下，由于分子的运动受到高度的束缚，物质的结构、成分可长期保持稳定不变。但目前细胞冻存最常用的仍是非玻璃化冻存，玻璃化冻存则较多地应用于肝细胞和生殖系统的冻存及储存。

## （一）主要冻存设备和材料

### 1. 主要冻存设备

（1）程控冷冻柜　其探测器可感知冻存管的温度变化，将液氮以正常速率加入冷冻室，以达到设定的冷冻速率。该仪器可优化细胞不同冷冻阶段的冷冻速率，并将冷冻曲线固定程序化。此设备较为昂贵，与其它简易设备相比，无较大优势。

（2）冻存管　冻存管材质分为玻璃和塑料两种材质，规格大多为 1～2ml 之间。塑料冻存管由聚丙烯材料制成，高温高压消毒不变形，安全方便，适用于常规实验和教学实验中。玻璃冻存管适用于细胞库和种子细胞的长期储存。使用玻璃冻存管时应小心注意，若密封不严，在液氮冷冻罐储存时，可能会混入液氮，细胞复苏时玻璃冻存管会发生爆裂。塑料冻存管在使用时必须正确拧紧螺旋帽，太紧或太松都会密封不严产生泄漏。

（3）液氮贮存器　规格主要有 35L 和 50L 两种。细胞冷冻储存尽量采用液氮气相储存，其隔热效果好，挥发少，更有利于冻存管的储存。但是气相储存在液氮表面和液氮罐颈部间会存在大约 80℃（-190～-110℃）的温度梯度，采取支架结构储存细胞有助于减弱温度梯度影响，但效果不大。如果采取液氮液相储存，冻存管密封效果要好。操作时，操作者必须戴面罩或护目镜以避免冻存管爆裂产生的危害。但是生物有害材料必须储存在液氮气相中。操作时应小心，以免液氮冻伤。液氮定期检查，随时补充，绝对不能挥发干净，一般 30L 的液氮能用 1～1.5 个月。

（4）高速离心机。

（5）普通冰箱、-30℃低温冰箱和-70～-80℃超低温冰箱。

## 2. 冻存常备材料

（1）冷冻保护液　一般是以 10％～20％小牛血清细胞培养液与 10％DMSO（分析纯）或无色新鲜甘油（121℃蒸气高压灭菌）混合而成。现配现用，或配制后置于普通冰箱冰盒内冷冻保存。使用前，于室温下水浴溶解（血清浓度可促进冷冻后细胞的存活，血清含量越高，对细胞保护越好，含量最高可提高到 90％，甚至纯血清。冻存不需血清的细胞，复苏后要清洗干净）。

（2）0.25％胰蛋白酶。

（3）待冻存细胞。

（4）吸管、离心管等。

（二）冻存步骤

**1. 冻存前的准备工作**

（1）确保细胞满足冷冻要求，即外观健康，形态特征显著；生长良好，细胞活力95%以上；处于对数生长晚期；无污染。

（2）细胞冻存前24h最好更换一次培养液。

（3）冻存前最好提前配制好冷冻保护液。

（4）新购置的塑料冻存管应该放入肥皂粉溶液中煮沸20min，取出后用自来水冲洗15遍，再用蒸馏水冲洗3遍，烘干，高温蒸汽消毒。

**2. 细胞悬液的制备**

（1）将处于对数生长晚期的培养细胞在无菌环境下倾去培养液，往瓶中加入0.25%的胰蛋白酶1ml，使其湿润整个瓶底，在室温下消化处理2~3min，待单层出现空隙时倒去胰蛋白酶，再加入4ml培养液，用吸管将细胞吹打混匀成细胞悬液，细胞浓度要求在$2\times10^6$~$2\times10^7$个/ml之间。悬浮生长的细胞无需胰酶消化。

（2）无菌环境中，将细胞悬液移入无菌的离心管内，以800~1000r/min离心5min。

（3）弃上清液后，按1:1的比例往细胞悬液逐滴加入冷冻保护液中，边加边摇动离心管混匀。稀释细胞悬液浓度在$1\times10^6$~$1\times10^7$个/ml之间。

（4）将细胞悬液分装入预先标记好的冻存管中，拧紧盖子，密封好。注意不要拧太紧，避免螺旋扭曲变形。

### 3. 冻存方法

（1）将冷冻管（管口要朝上）放入纱布袋内，纱布袋系以线绳，通过线绳将纱布袋固定于液氮罐罐口，按每分钟温度下降 1～2℃ 的速度，在 40min 内降至液氮表面，停 30min 后，直接投入液氮中。

（2）先将冻存管放入 4℃ 冰箱，约 30min 接着置于 −20℃ 冰箱，约 30～60min 后置于 −80℃ 超低温冰箱中放置过夜，最后置于液氮罐中长期保存。注意 −20℃ 放置时间不可超过 60min，防止冰晶过大而破坏细胞。也可以 4℃ 下 30min 后跳过 −20℃ 这一步骤直接放入 −80℃ 超低温冰箱，如此细胞存活率要低一些。

（3）将冻存管捆绑在一起，外层裹以厚层棉花，置于 −80℃ 超低温冰箱中放置过夜。置于液氮罐中长期保存。

（4）将冻存管放于程序降温盒中。将程序降温盒置于 −80℃ 超低温冰箱中放置过夜。最后置于液氮罐中长期保存。

（5）程控冷冻柜冻存。

### （三）注意事项

（1）冻存管必须旋紧确保密封，做好冻存记录。记录内容包括冻存日期、细胞代号、冻存管数、冻存过程中降温的情况、冻存位置以及操作人员等。

（2）为妥善起见，特别是很多未被冻存过的细胞在首次冻存后要在短期内复苏 1 次，观察细胞对冻存的适应性。已建系的细胞最好也每年取一支复苏 1 次后，再继续冻存。

（3）冻存细胞悬液体积占冻存管体积的 1/2。

（4）冻存管放入液氮时，必须使用防护性手套和面罩。

（5）DMSO 可穿透皮肤和橡胶手套，使用时注意防护。过滤 DMSO，必须选用耐 DMSO 的尼龙滤膜。

# 第二节　动物细胞复苏

复苏细胞时动作一定要迅速。实验人员要佩戴面罩和手套，并注意防止被液氮冻伤。取出细胞冻存管后，首先确认是否为所需细胞，确认无误后将冻存管快速放入 37℃恒温水浴锅中并轻轻摇晃，期间勿使液面没过瓶口以造成污染，尽量在最短时间内使其融化，否则冰碴会刺破细胞。融化后用酒精棉球将冻存管消毒彻底放入操作台中，迅速转移到细胞培养瓶中，缓慢加入适量培养液，因为稀释速度过快会使二甲基亚砜对细胞造成严重的渗透损伤。如果发现复苏后细胞的生长状态不好，应及时检查。注意冻存细胞的浓度是否过低，或是否冻存剂对细胞产生了毒性。此时可尝试在复苏时将多管冻存的细胞共同转入同一培养瓶进行复苏，或是在融化后将细胞离心，弃掉冻存液，加入新的培养基混匀后在迅速转入培养瓶复苏。

## 一、细胞复苏的原理

在实际操作中，冻存细胞需要进行复苏、再培养传代和实验研究。复苏细胞一般采用快速融化法，以保证细胞外结晶快速融化，避免慢速融化水分渗入细胞内，再次形成胞内结晶损伤细胞。

　　冻存细胞的解冻要求良好的技术和迅速的操作，以确保高比例的细胞存活。有很多因素会影响解冻后细胞的存活率，不同的细胞株可能需部分修改冷冻保存的步骤和方法以提高细胞解冻后的存活率。

## 二、细胞复苏的方法

（一）主要设备和材料

　　材料：离心管、培养瓶、吸管、防护眼镜和手套、70％乙醇、完全培养液（含10％小牛血清）、0.4％台盼蓝等。

　　设备：离心机、37℃水浴箱、超净工作台、$CO_2$ 孵育箱等。

（二）细胞复苏的步骤

　　（1）准备工作　冻存细胞位置和资料的核实，收集材料，培养瓶标记。

　　（2）佩戴防护眼镜和手套，从液氮罐中取出冻存管，注意检查标签，确认是否所需复苏的冻存管。

　　（3）迅速投入37℃水浴（或盛有10cm深37℃无菌水的带盖塑料小桶）中，并不时轻轻摇动，在1min内使其完全融化。

　　（4）用70％乙醇擦拭冻存管，在超净工作台内打开冻存管，用吸管将细胞悬液转入预先标记好的培养瓶。

　　（5）将完全培养液缓慢滴加到细胞悬液中，10ml/

2min，先慢后快，滴加同时轻轻摇晃培养瓶。细胞悬液用培养液稀释 $10\sim20$ 倍，使 DMSO 浓度稀释到 $0.5\%$ 以下。然后在 $CO_2$ 孵育箱 $37^\circ C$ 下孵育 24h 后，用新鲜培养液换掉旧培养液，去除 DMSO，继续培养，观察生长情况。若细胞密度较高，及时传代。

（6）对于需离心去除 DMSO 的细胞，按上述第 5 步，细胞悬液稀释 $10\sim20$ 倍后，以 $80\sim100g$ 离心 $2\sim3$min，弃掉含冷冻保护剂的上清液，用新鲜培养液轻轻重悬。接种于培养瓶内，细胞接种要求至少为 $(3\sim5)\times10^5$ 个活细胞/ml。

（7）冻存管内残留物可用台盼蓝染色，以测定细胞存活率。

## 三、细胞复苏的要点

（1）快速解冻　冻存细胞从液氮中取出后，应立即放入 $37^\circ C$ 水浴中，轻轻摇动冷冻管，使其在 1min 内全部融化。

（2）解冻操作过程动作要轻柔　由于冷冻保存过的细胞变得非常脆弱，不仅解冻速度要快，而且动作要轻。

（3）冻存管在水浴中解冻时，液面不可超过冻存管盖面，否则易发生污染。

（4）复苏细胞活力高，无污染时，通常 30min 内贴壁。

（5）复苏细胞时，培养瓶内有叶部分细胞死亡、细胞背景不清晰、存在死亡细胞颗粒及碎片。尤其经长途运输或冻存时间较长的细胞瓶明显。通过低速、短时间离心培养和多次换液，细胞背景会逐渐清晰，细胞恢复生长特性。

（6）注意严格无菌操作，注意自身的防护。

# 第三节 ▍ 细胞培养污染检测

细胞培养时，维持无菌状态是最大的困难。污染通常包括以下几种途径：玻璃仪器和移液管等灭菌不彻底、操作环境中具有灰尘和孢子等、孵育箱和冰箱未能彻底消毒、与其它细胞系或活检物产生交叉污染等，但是往往操作不熟练、技术不过关更能引起培养过程中的污染，所以对新手一定要进行规范的培训。对于污染的检测通常包括以下三个方面：

## 一、可见微生物污染检测

（1）每次对细胞进行处理后，用肉眼检查污染 当培养基出现云雾状，有时在表面出现一片薄层云雾或泡沫，或细胞生长表面出现点状物，而移动培养瓶时它们又会消失，这往往是发生了微生物的污染。

（2）检测培养基 pH 值 细菌污染时，细胞培养基的 pH 大多会下降；真菌污染时，pH 值往往会上升；酵母污染严重时，细胞培养基的 pH 值也会发生改变。

（3）使用显微镜进行检测 首先在低倍镜下进行观察，若细胞之间空隙出现颗粒状物并闪烁，则怀疑是细菌污染；若镜下出现不连续的圆形或球形颗粒，有的甚至长出芽，则怀疑是酵母感染；若发现薄的纤维状菌丝体或孢子密集，则怀疑是真菌污染。切换成高倍镜后，观察将更加仔细，甚至可以分辨出细菌个体，一些细菌形成团块或同培养物细胞连接在一起，有的发生移动而造成闪烁现象。

## 二、支原体污染检测

许多支原体污染时，支原体生长缓慢，并不破坏宿主细胞。但是它们能以不同的形式改变培养物的新陈代谢。慢性支原体污染时，细胞增殖率下降，饱和密度减少。急性感染时，可能会引起细胞的全部死亡。重要的是，支原体污染往往不能通过显微镜检查出来。培养物必须用特殊荧光染色、PCR Elisa、免疫染色、放射自显影或微生物测定等方法来检测。培养物用特殊的荧光染色，它能够特异地同 DNA 结合，由于支原体含有 DNA，因此通过它们特有的颗粒或细胞表面纤丝的荧光显色，就很容易检测出来。如果污染严重，细胞周围区域也可以检测到。单层细胞培养物能够固定，可以直接染色，但是，悬浮培养的细胞需要在离心后再加一层已知无支原体感染的细胞，再进行下一步的检测。微生物培养方法也非常敏感。将培养细胞接种于支原体肉汤中，生长 1 周，然后置于含特殊营养琼脂上，如有支原体感染，琼脂板上会形成集落，且形似"煎蛋样"，中心致密，外晕光亮。也可以通过 PCR 检测支原体，这种方法灵敏度高且很少出现假阳性。

## 三、病毒污染检测

若发生病毒污染，细胞定会长得一团糟，甚至变性、裂解和死亡。新引入的细胞系、血清和酶均是潜在的病毒污染来源。应针对培养的细胞系易感的病毒进行检测，可以通过免疫染色筛选一组抗体用 ELISA 方法进行测定，也可使用适当的病毒检测引物进行 PCR 检测。

# 第七章

# 细胞融合与单克隆抗体技术

## 第一节　单克隆抗体的概念

　　抗体是机体在抗原刺激下产生的能与该抗原特异性结合的免疫球蛋白。常规的抗体制备是通过动物免疫并采集抗血清的方法产生的，因而抗血清通常含有针对其它无关抗原的抗体和血清中其它蛋白质成分。一般的抗原分子大多含有多个不同的抗原决定簇，所以常规抗体也是针对多个不同抗原决定簇抗体的混合物。即使是针对同一抗原决定簇的常规血清抗体，仍是由不同 B 细胞克隆产生的异质的抗体组成。因而，常规血清抗体又称多克隆抗体（Polyclonal antibody），简称多抗。由于常规抗体的多克隆性质，加之不同批次的抗体制剂质量差异很大，使它在免疫化学实验等使用中带来许多麻烦。因此，制备针对预定抗原的特异性均质的且能保证无限量供应的抗体是免疫化学家长期梦寐以求的目标。随着杂交瘤技术的诞生，这一目标得以实现。

　　1975 年，Kohler 和 Milstein 建立了淋巴细胞杂交瘤技术，他们把用预定抗原免疫的小鼠脾细胞与能在体外培养中无限制生长的骨髓瘤细胞融合，形成 B 细胞杂交瘤。这种杂交瘤细胞具有双亲细胞的特征，既像骨髓瘤细胞一样在体外培养中能无限地快速增殖且永生不死，又能像脾淋巴细胞那样合成和分泌特异性抗体。通过克隆化可得到来自单个杂交瘤细胞的单克隆系，即杂交瘤细胞系，它所产生的抗体是针对同一抗原决定簇的高度同质的抗体，即所谓单克隆抗体（Monoclonal antibody），简称单抗。

与多抗相比，单抗纯度高、专一性强、重复性好、且能持续地无限量供应。单抗技术的问世，不仅带来了免疫学领域里的一次革命，而且它在生物医学科学的各个领域获得极广泛的应用，促进了众多学科的发展。


# 第二节 ▎ 杂交瘤技术的诞生


淋巴细胞杂交瘤技术的诞生是几十年来免疫学在理论和技术两方面发展的必然结果，抗体生成的克隆选择学说、抗体基因的研究、抗体结构与生物合成以及其多样性产生机制的揭示等，为杂交瘤技术提供了技术储备。1975 年 8 月 7 日，Kohler 和 Milstein 在英国《自然》杂志上发表了题为"分泌具有预定特异性抗体的融合细胞的持续培养"的著名论文。他们大胆地把以前不同骨髓瘤细胞之间的融合延伸为将丧失合成次黄嘌呤-鸟嘌呤磷酸核糖转移酶（Hypoxanthine guanosine phosphoribosyl transferase，HGPRT）的骨髓瘤细胞与经绵羊红细胞免疫的小鼠脾细胞进行融合。融合由仙台病毒介导，杂交细胞通过在含有次黄嘌呤（Hypoxanthine，H)、氨基喋呤（Aminopterin，A）和胸腺嘧啶核苷（Thymidine，T）的培养基（HAT）中生长进行选择。在融合后的细胞群体里，尽管未融合的正常脾细胞和相互融合的脾细胞是 HGPRT$^+$，但不能连续培养，只能在培养基中存活几天，而未融合的 HGPRT$^-$ 骨髓瘤细胞和相互融合的 HGPRT$^-$ 骨髓瘤细胞不能在 HAT 培养基中存活，只有骨髓瘤细胞与脾细胞形成的杂交瘤细胞因得到分别来自亲本脾细胞的 HGPRT 和亲本骨髓瘤细胞的连续继代特性，而在 HAT 培养基中存活下来。实验的结果完全像起始设计的那样，最终得到了很多分泌抗绵羊红细胞抗体的克隆化杂交瘤细胞系。用这些细胞系注射小鼠后能形成肿瘤，即所谓杂交瘤。生长杂交瘤的小鼠血清和腹水中含有大量同质的抗体，即单克隆抗体。

这一技术建立后不久，在融合剂和所用的骨髓瘤细胞系等方面即得到改进。最早仙台病毒被用做融合剂，后来发现聚乙二醇（PEG）的融合效果更好，且避免了病毒的污染问题，从而得到广泛的应用。随后建立的骨髓瘤细胞系如SP2/0-Ag14、X63-Ag8.653 和 NSO/1 都是既不合成轻链又不合成重链的变种，所以由它们产生的杂交瘤细胞系，只分泌一种针对预定的抗原的抗体分子，克服了骨髓瘤细胞MOPC-21 等的不足。再后来又建立了大鼠、人和鸡等用于细胞融合的骨髓瘤细胞系，但其基本原理和方法是一样的

# 第三节 ▌ 单克隆抗体的制备

杂交瘤技术在具体操作上，各实验室使用的程序尽管有所差别，但大体程序相同。在开展杂交瘤技术制备单抗之前，培养骨髓瘤和杂交瘤细胞必须具备下列主要仪器设备：超净工作台、$CO_2$恒温培养箱、超低温冰箱（－70℃）、倒置显微镜、精密天平或电子天平、液氮罐、离心机（水平转子，4000r/min）、37℃水浴箱、纯水装置、滤器、真空泵等。其需要的主要器械包括：100ml、50ml、25ml细胞培养瓶，10ml、1ml刻度吸管，试管，滴管（弯头、直头），平皿，烧杯，500ml、250ml、100ml盐水瓶，青霉素小瓶，10ml、5ml、1ml注射器等，96孔、24孔细胞培养板，融合管（50ml圆底带盖玻璃或塑料离心管），眼科剪刀，眼科镊，血细胞计数板，可调微量加样器（约50μL，约200μL，约1000μL），弯头针头，200目筛网，小鼠固定装置等。此外，杂交瘤细胞的筛选与检测的仪器设备，依据检测单抗的方法不同而各异。

淋巴细胞杂交瘤技术的主要步骤包括动物免疫、细胞融合、杂交瘤细胞的筛选与单抗检测、杂交瘤细胞的克隆化、冻存、单抗的鉴定等。

单克隆抗体制备过程如图7-1。

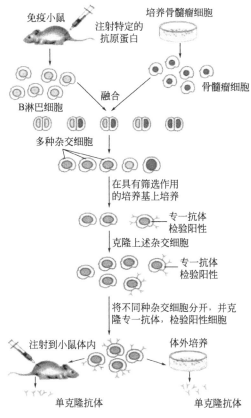

免疫小鼠
注射特定的抗原蛋白
培养骨髓瘤细胞
骨髓瘤细胞
融合
B淋巴细胞
多种杂交细胞
在具有筛选作用的培养基上培养
专一抗体检验阳性
克隆上述杂交细胞
专一抗体检验阳性
将不同种杂交细胞分开，并克隆专一抗体，检验阳性细胞
注射到小鼠体内
体外培养
单克隆抗体
单克隆抗体

图 7-1　单克隆抗体制备过程

# 一、动物免疫

## 1. 抗原制备

制备单克隆抗体的免疫抗原，从纯度上说虽不要求很高，但高纯度的抗原使得到所需单抗的机会增加，同时可以减轻筛选的工作量。因此，免疫抗原是越纯越好，应根据所

研究的抗原和实验室的条件来决定。一般来说，抗原的来源有限，或性质不稳定，提纯时易变性，或其免疫原性很强，或所需单抗是用于抗原不同组分的纯化或分析等，免疫用的抗原只需初步提纯甚至不提纯，但抗原中混杂物很多，特别是如果这些混杂物的免疫原性较强时，则必须对抗原进行纯化。检测用抗原可以是与免疫抗原纯度相同，也可是不同的纯度，这主要决定于所用筛检方法的种类及其特异性和敏感性。

### 2. 免疫动物的选择

根据所用的骨髓瘤细胞可选用小鼠和大鼠作为免疫动物。因为，所有的供杂交瘤技术用的小鼠骨髓瘤细胞系均来源于 BALB/c 小鼠，所有的大鼠骨髓瘤细胞都来源于 LOU/c 大鼠，所以一般的杂交瘤生产都是用这两种纯系动物作为免疫动物。但是，有时为了特殊目的而需进行种间杂交，则可免疫其它动物。种间杂交瘤一般分泌抗体的能力不稳定，因为染色体容易丢失。就小鼠而言，初次免疫时以 8～12 周龄为宜，雌性鼠较便于操作。

### 3. 免疫程序的确定

免疫是单抗制备过程中的重要环节之一，其目的在于使 B 淋巴细胞在特异抗原刺激下分化、增殖，以利于细胞融合形成杂交细胞，并增加获得分泌特异性抗体的杂交瘤的机会。因此在设计免疫程序时，应考虑到抗原的性质和纯度、抗原量、免疫途径、免疫次数与间隔时间、佐剂的应用及动物对该抗原的应答能力等。没有一个免疫程序能使用于各种抗原。现用的免疫程序中多数是参照制备常规多克隆抗体的方法。表 7-1 列举了目前常用的免疫程序。免疫途径常用体内免疫法包括皮下注射、腹腔或静脉注射，也采用足垫、皮内、滴鼻或点眼的途径或方式。最后一次加强免疫多采用腹腔或静脉注射，目前尤其推崇后者，因为可使抗原对脾细胞作用更迅速而充分。在最后一次加强免疫后第 3d 取脾融合为好，许多实验室的结果表明，初次免疫和再次免疫应答反应中，取脾细胞与骨髓瘤细胞融合，特异性杂交瘤的形成高峰分别为第 4d 和第 22d，在初次免疫应答时获得的杂交瘤主要分泌 IgM 抗体，再次免疫应答时获得的杂交瘤主要分泌 IgG 抗体。笔者体会阳性杂交瘤出现的高峰与小鼠血清抗体的滴度并无明显的平行关系，且多在血清抗体高峰之前。因此，为达到最高的杂交瘤形成率需要有尽可能多的浆母细胞，这在最后一次加强免疫后第 3d 取脾进行融合较适宜。已有人报道采用脾内免疫，可提高小鼠对抗原的免疫反应性，且节省时间，一般免疫 3d 后即可融合。

　　体内免疫法使用于免疫原性强、来源充分的抗原，对于免疫原性很弱或对机体有害（如引起免疫抑制）的抗原就不适用了。如果制备人单克隆抗体几乎不大可能采用体内免疫法。因此，针对这些情况，可采用体外免疫。所谓体外免疫就是将脾细胞（或淋巴结细胞，或外周淋巴细胞）取出体外，在一定条件下与抗原共同培养，然后再与骨髓瘤细胞进行融合。其基本方法是取 4～8 周龄 BALB/c 小鼠的脾脏，制成单细胞悬液，用无血清培养液洗涤 2～3 次，然后悬浮于含 10% 小牛血清的培养液中，再加入适量抗原（可溶性抗原 0.5～5μg/ml，细胞抗原 $10^5$～$10^6$ 个细胞/ml）和一定量的 BALB/c 小鼠胸腺细胞培养上清液；在 37℃、6% 的 $CO_2$ 浓度下培养 3～5d，再分离脾细胞与骨髓瘤细胞融合。

表 7-1　不同免疫抗原的免疫程序

| 免疫原特性 | 抗原量 | 接种次数 | 间隔时间 | 单抗的特性 | |
|---|---|---|---|---|---|
| | | | | 抗体滴度 | 亲和性 |
| 免疫原性强（如细胞、细菌和病毒等） | $10^6 \sim 10^7$ 个细胞或 $1 \sim 10\mu g$ | $2 \sim 4$ | $2 \sim 4$ 周 | 高 | 中等至强 |
| 免疫原性中等 | $10 \sim 100\mu g$ | $2 \sim 4$ | $2 \sim 4$ 周 | 中等或高 | 中等或强 |
| 免疫原性弱 | A. $20 \sim 400\mu g$ | $2 \sim 4$ 随后 $2 \sim 3$ | 每月 $2 \sim 3$ 月 | 中等 | 强 |
| | B. $10 \sim 50\mu g$ 其后 $200 \sim 400\mu g$ | 2 其后 4 | 每月 每天 | 中等 | 中等 |
| | C. $10 \sim 100\mu g$ | 2 其后 4 其后"休息" 最后加强 | 每月 10d $1 \sim 2$ 月 | 中等 | 中等或强 |

## 二、细胞融合

### 1. 主要试剂的配制

（1）细胞培养基　杂交瘤技术中使用的细胞培养基主要有 RPMI-1640 或 DMEM（Dulberco Modified Eagles Medium）两种基础培养基，具体配制方法按厂家规定的程序，配好后过滤除菌（0.22μm），分装，4℃保存。

不完全 RPMI-1640 培养基：RPMI-1640 培养基原液 96ml，100g×L. G. 溶液 1ml，双抗溶液 1ml，7.5% NaHCO$_3$ 溶液 $1 \sim 2$ml，HEPES 溶液 1ml。

不完全 DMEM 培养基：DMEM 13.37g，超纯水 980ml，$NaHCO_3$ 3.7g，双抗溶液 10ml，$100\times$ L. G. 溶液 10ml，用 1mol/L HCl 调试 pH 至 7.2～7.4，过滤除菌，分装 4℃保存。

完全 RPMI-1640 或 DMEM 培养基：不完全 RPMI-1640 或 DMEM 培养基 80ml，小牛血清 15～20ml。用于骨髓瘤细胞 SP2/0 和建株后的杂交瘤细胞培养。

HT 培养基：完全 RPMI-1640 或 DMEM 培养基 99ml，HT 贮存液 1ml。

HAT 培养基：完全 RPMI-1640 或 DMEM 培养基 98ml，HT 贮存液 1ml，A 贮存液 1ml。

（2）氨基喋呤（A）贮存液（$100\times$，$4\times10^{-5}$mol/L）称取 1.76mg 氨基喋呤（Aminopterin MW 440.4），溶于 90ml 超纯水，滴加 1mol/L NaOH 0.5ml 中和，再补加超纯水至 100ml。过滤除菌，分装小瓶（2ml/瓶），$-20$℃保存。

（3）次黄嘌呤和胸腺嘧啶核苷（HT）贮存液（$100\times$，H：$10^{-2}$mol/L，T：$1.6\times10^{-3}$mol/L）　称取 136.1mg 次黄嘌呤（Hypoxanthine，MW 136.1）和 38.8mg 胸腺嘧啶核苷（Thymidine，MW 242.2），加超纯水或四蒸水至 100ml，置 45～50℃水浴中使完全溶解，过滤除菌，分装小瓶（2ml/瓶），$-20$℃冻存。用前可置 37℃加温助溶。

（4）L-谷氨酰胺（L. G.）溶液（$100\times$，0.2mol/L）称取 2.92g L-谷氨酰胺（L-glutamine，MW 146.15），用 100ml 不完全培养液或超纯水（或四蒸水）溶解，过滤除菌，分装小瓶（4～5ml/瓶），$-20$℃冻存。

（5）青、链霉素（双抗）溶液（$100\times$）取青霉素 G

（钠盐）100万单位和链霉素（硫酸盐）1g，溶于100ml灭菌超纯水或四蒸水中，分装小瓶（4～5ml/瓶），－20℃冻存。

（6）7.5％ NaHCO₃溶液　称取分析纯 NaHCO₃7.5g，溶于100ml超纯水或四蒸水中，过滤除菌，分装小瓶（4～5ml/瓶），盖紧瓶塞，4℃保存。

（7）HEPES溶液（1mol/L）　称取23.83g HEPES($N$-2-Hydroxyethylpiperazine-$N$-2-ethanesμLfonic acid，$N$-2-羟乙基哌嗪-$N$-2-乙基磺酸，MW 238.3）溶于100ml超纯水或四蒸水中，过滤除菌，分装小瓶（4～5ml/瓶），4℃保存。

（8）8-氮鸟嘌呤贮存液（100×）　称取200mg 8-氮鸟嘌呤（8-Azaguanine，MW 152.1），加入4mol/L NaOH 1ml，待其溶解后，加入超纯水或四蒸水99ml，过滤除菌；分装小瓶，－20℃冻存。使用时按1％浓度加入培养液中（即终浓度为20μg/ml）。

（9）50％ PEG　称取 PEG1000 或 PEG4000 20～50g 于三角瓶中，盖紧，60～80℃水浴融化，0.6ml分装于青霉素小瓶中盖紧，高压蒸汽15min，－20℃存放备用。临用前加热融化，加等量不完全培养基，用少许7.5％ NaHCO₃调pH至8.0，或购买 Sigma 或 Gibco 公司现成产品。

### 2.骨髓瘤细胞的准备

融合前骨髓瘤细胞维持的方式，对成功地得到杂交瘤是最为重要的。目标是使细胞处于对数生长的时间尽可能长，融合前不能少于1周。冻存的细胞在复苏后要2周时间才能处于适合融合的状态，长过了的骨髓瘤细胞至少几天才可能恢复。在实验室中处于对数生长的骨髓瘤细胞维持在含 10％小牛血清的培养基中，方法是用 6 个装 5ml 培养基的培养瓶，接种 10 倍系列稀释的骨髓瘤细胞。1 周后到细胞相当密而又未长过的一瓶重新移植。典型的倍增时间为 14～16h。骨髓瘤细胞悬液的制备方法如下：

（1）于融合前 48～36h，将骨髓瘤细胞扩大培养（一般按一块 96 孔板的融合实验约需 2～3 瓶 100ml 培养瓶培养的细胞进行准备）。

（2）融合当天，用弯头滴管将细胞从瓶壁轻轻吹下，收集于 50ml 离心管或融合管内。

（3）1000r/min 离心 5～10min，弃去上清。

（4）加入 30ml 不完全培养基，1000r/min 离心 5min，倒掉上清。然后将细胞重悬浮于 10ml 不完全培养基，混匀。

（5）取骨髓瘤细胞悬液，加 0.4％台酚蓝染液作活细胞计数后备用。细胞计数时，取细胞悬液 0.1ml 加入 0.9ml 中，混匀，用血细胞计数板计数。计算细胞数目的公式为：每毫升细胞数＝4 个大方格细胞数×$10^5$/4；或每毫升细胞数＝5 个中方格细胞数×$10^6$/2。

### 3. 脾细胞的准备

取已免疫的 BALB/c 小鼠，摘除眼球采血，并分离血清作为抗体检测时的阳性对照血清。同时通过颈脱位致死小鼠，浸泡于 75％酒精中 5min，于解剖台板上固定后掀开左侧腹部皮肤，可看到脾脏，换眼科剪镊，在超净台中用无菌手术剪开腹膜，取出脾脏置于已盛有 10ml 不完全培养基的平皿中，轻轻洗涤，并细心剥去周围结缔组织。将脾脏移入另一盛有 10ml 不完全培养基的平皿中，用弯头镊子或装在 1ml 注射器上的弯针头轻轻挤压脾脏（也可用注射器内芯挤压脾脏），使脾细胞进入平皿中的不完全培养基。用吸管吹打数次，制成单细胞悬液。为了除去脾细胞悬液中的大团块，可用 200 目铜网过滤。收获脾细胞悬液，1000r/min 离心 5～10min，用不完全培养基离心洗涤 1～2 次，然后将细胞重悬于 10ml 不完全培养基混匀，取上述悬液，加台盼蓝染液做活细胞计数后备用。通常每只小鼠 $1 \times 10^8$～$2.5 \times 10^8$ 个脾细胞，每只大鼠脾脏可得 $5 \times 10^8$～$10 \times 10^8$ 个脾细胞。

### 4. 饲养细胞的制备

在细胞融合后选择性培养过程中，由于大量骨髓瘤细胞和脾细胞相继死亡，此时单个或少数分散的杂交瘤细胞多半不易存活，通常必须加入其它活细胞使之繁殖，这种被加入的活细胞称为饲养细胞（Feeder cells）。饲养细胞促进其它细胞增殖的机制尚不明了，一般认为它们可能释放非种属特异性的生长刺激因子，为杂交瘤细胞提供必要的生长条件；也可能是为了满足新生杂交瘤细胞对细胞密度的依赖性。

常用的饲养细胞有胸腺细胞、正常脾细胞和腹腔巨噬细胞。其中以小鼠腹腔巨噬细胞的来源及制备较为方便，且有吞噬清除死亡细胞及其碎片的作用，因此使用最为普遍。其制备方法如下：按上述采小鼠脾细胞的方法将小鼠致死、体表消毒和固定后，用消毒剪镊从后腹掀起腹部皮肤，暴露腹膜。用酒精棉球擦拭腹膜消毒。用注射器注射 10ml 不完全培养基至腹腔，注意避免穿入肠管。右手固定注射器，使针头留置在腹腔内，左手持酒精棉球轻轻按摩腹部 1min，随后吸出注入的培养液。1000r/min 离心 5～10min，弃上清。

先用 5ml HAT 培养基将沉淀细胞悬浮，根据细胞计数结果，补加 HAT 培养基，使细胞浓度为 $2\times10^5$ 个/ml，备用。通常对巨噬细胞来说，96 孔培养板每孔需 $2\times10^4$ 个细胞，24 孔板每孔需 $10^5$ 个细胞。每只小鼠可得 $(3\sim5)\times10^6$ 个细胞，因此 1 只小鼠可供两块 96 孔板饲养细胞。也可在细胞融合前 $1\sim2d$ 制备并培养饲养细胞，这样使培养板孔底先铺上一层饲养细胞层。做法是，将上述细胞悬液加入 96 孔板，每孔 0.1ml（相当于 2 滴），然后置 37℃ 6% $CO_2$ 的培养箱中培养。

**5. 细胞融合与杂交瘤细胞的选择性培养**

细胞融合的程序已报道的有很多种，常用程序如下。

（1）将 $1\times10^8$ 个脾细胞与 $2\times10^7\sim5\times10^7$ 个骨髓瘤细胞 SP2/0-Ag14 混合于一支 50ml 融合管中，补加不完全培养基至 30ml，充分混匀。

（2）1000r/min 离心 $5\sim10$min，将上清尽量吸净。

（3）在手掌上轻击融合管底，使沉淀细胞松散均匀，置 40℃水浴中预热。

（4）用 1ml 吸管在 1min 左右（最佳时间为 45s）加预热至 40℃ 的 50% PEG（pH 8.0）1ml，边加边轻轻搅拌。

（5）用 10ml 吸管在 90s 内加 $20\sim30$ml 预热至 37℃ 的不完全培养基，30·37℃静置 10min。

（6）1000r/min 5min；弃去上清。

（7）加入 5ml HAT 培养基，轻轻吹吸沉淀细胞，使其悬浮并混匀，然后补加含腹腔巨噬细胞的 HAT 培养基至 $80\sim100$ml。

（8）分装 96 孔细胞培养板，每孔 0.10～0.15ml；分装 24 孔板，每孔 1.0～1.5ml；然后将培养板置 37℃，6％ $CO_2$ 培养箱内培养。

（9）5d 后用 HAT 培养基换出 1/2 培养基。

（10）7～10d 后用 HT 培养基换出 HAT 培养基（第 14d 后可用普通完全培养基）。

（11）经常观察杂交瘤细胞生长情况，待其长至孔底面积 1/10 以上时吸出上清供抗体检测。

## 三、杂交瘤细胞筛选

杂交瘤细胞在融合后 2 周左右即可筛选，即把分泌所需抗体的杂交瘤孔从众多的孔中选出来，通常也称为抗体检测。抗体检测的方法很多，通常根据所研究的抗原和实验室的条件而定。但作为杂交瘤筛选的抗体检测方法必须具有快速、准确、简便，便于一次处理大量样品等特点。因为往往有几百个样品需要在短短几个小时就报告结果，以便决定杂交瘤细胞的取舍。所以选用抗体检测方法的原则是快速、敏感、特异、可靠、花费小和节省人力。一般说来，在融合之前就必须建立好抗体检测方法，并克服可能存在的问题。另一个重要问题是抗体检测方法所需要的"动力学范围"（检出背景以上的最强与最弱信号比）应依据所用的检测抗原的纯度而定。如杂交瘤抗体是针对纯化的蛋白质抗原的，100％的抗原参与反应，一个阳性/阴性判别系统就够了。另一方面，如果杂交瘤抗体是针对细胞表面微量的蛋白抗原，检测系统可能需要能测出微弱信号，则动力学范围至少应为 10：1，最好为 100：1。另外，检测方法的选择还受所需杂交瘤细胞抗体的类型和预定的用途的影响。结合补体的抗体可以用基于细胞毒性反应的检测方法来选出。如需结合 A 蛋白的杂交瘤抗体，就要用结合蛋白 A 的检测方法。常用的抗体检测方法有以下几种。

### 1. 免疫酶技术

免疫酶技术是将抗原抗体反应的特异性和酶对底物显色反应的高效催化作用有机结合而成的免疫学技术。由于它特异性和灵敏度高，现已广泛用于筛选和鉴定单抗。

（1）器材和试剂

a. 包被缓冲液

碳酸盐缓冲液：取 0.2mol/L $Na_2CO_3$ 8ml，0.2mol/L $NaHCO_3$ 17ml 混合，再加 75ml 蒸馏水，调 pH 至 9.6。

Tris-HCl 缓冲液（pH8.0，0.02mol/L）：取 0.1mol/L Tris 100ml，0.1mol/L HCl 58.4ml 混合，蒸馏水至 1000ml。

b. 洗涤缓冲液（pH7.2 的 PBS）：$KH_2PO_4$ 0.2g，KCl 0.2g，$Na_2HPO_4$ · $12H_2O$ 2.9g，NaCl 8.0g，Tween-20 0.5ml，加蒸馏水至 1000ml。

c. 稀释液和封闭液：牛血清白蛋白（BSA）0.1g，加洗涤液至 100ml；或用洗涤液将小牛血清配成 5%～10% 使用。

d. 酶反应终止液（2mol/L $H_2SO_4$）：取蒸馏水 178.3ml，滴加浓硫酸（98%）21.7ml。

e. 底物缓冲液（pH5.0，磷酸盐-柠檬酸缓冲液）：取 0.2mol/L $NaHPO_4$ 25.7ml，0.1ml/L 柠檬酸 24.3ml，再加 50ml 蒸馏水。柠檬酸溶液及配成的底物缓冲液不稳定，易形成沉淀，因此一次不宜配制过多。

f. 底物使用液

OPD 底物使用液（测 490nm 的 OD 值）：OPD 5mg，底物缓冲液 10ml，3％ $H_2O_2$ 0.15ml。

TMBS 或 TMB 底物使用液（测 450nm 的 OD 值）：TMBS 或 TMB（1mg/ml）1.0ml，底物缓冲液 10ml，1％ $H_2O_2$ 25$\mu$L。

ABTS 底物使用液（测 410nm 的 OD 值）：ABTS 0.5mg，底物缓冲液 1ml，3％ $H_2O_2$ 2$\mu$L。

g. 抗体对照：以骨髓瘤细胞培养上清为阴性对照，以免疫鼠血清作为阳性血清。

h. 抗原：可溶性抗原，尽量纯化，以获得高特异性；病毒感染的传代细胞或全菌抗原；淋巴细胞等悬液。

i. 酶标抗鼠抗体或酶标 SPA 或其它类似试剂。

j. 细胞固定液：－20℃ 丙酮；或丙酮-甲醛固定液（$Na_2HPO_4$ 100mg，$KH_2PO_4$ 500mg，蒸馏水 150ml，丙酮 225ml）；或丙酮-甲醛溶液（1∶1）；或－20℃ 甲醇。

k. 聚苯乙烯微孔板：40 孔、96 孔，或条孔；硬板或软板均可使用。

l. 酶联免疫阅读仪；或光镜。

m. 吸管、加样器及水浴箱、离心机等。

（2）用可溶性抗原的酶联免疫吸附试验（ELISA）

a. 纯化抗原用包被液稀释至 1～20$\mu$g/ml。

b. 以 50～100$\mu$L/孔量加入酶标板孔中，置 4℃ 过夜或 37℃ 吸附 2h。

c. 弃去孔内的液体，同时用洗涤液洗 3 次，每次 3～5min，拍干。

d. 每孔加 200$\mu$L 封闭液 4℃ 过夜或 37℃ 封闭 2h；该步

骤对于一些抗原，可省略。

e.洗涤液洗 3 次；此时包被板可 $-20℃$ 或 $4℃$ 保存备用。

f.每孔加 $50～100\mu l$ 待检杂交瘤细胞培养上清，同时设立阳性、阴性对照和空白对照；$37℃$ 孵育 $1～2h$；洗涤，拍干。

g.加酶标第二抗体，每孔 $50～100\mu l$，$37℃$ 孵育 $1～2h$，洗涤，拍干。

h.加底物液，每孔加新鲜配制的底物使用液 $50～100\mu l$，$37℃10～30min$。

i.以 $2mol/L\ H_2SO_4$ 终止反应，在酶联免疫阅读仪上读取 OD 值。

j.结果判定：以 $P/N \geqslant 2.1$，或 $P \geqslant N+3SD$ 为阳性。若阴性对照孔无色或接近无色，阳性对照孔明确显色，则可直接用肉眼观察结果。

（3）用全菌抗原的 ELISA

a.新鲜培养的细菌用蒸馏水或 PBS 悬浮，并调整细菌浓度至 $1 \times 10^8$ 个/ml。必须指出，对于人畜共患病病原体需注意安全操作，最好是灭活处理。

b.每孔中加 $100\mu l$ 5％戊二醛溶液（$0.1mol/L\ NaHCO_3$ 95ml＋25％戊二醛溶液 5ml，$37℃$ 作用 $2h$，蒸馏水洗涤 3 次；加上述细菌悬液 $50\mu l$/孔；$37～56℃$ 烘干；每孔加 $200\mu L$ 封闭液 $4℃$ 过夜或 $37℃$ $2h$ 封闭。

c.步骤 b 也可采用先每孔加 $50\mu l$ 细菌悬液，$37～56℃$ 烘干，然后用 $-20℃$ 预冷的无水甲醇室温作用 $15min$，蒸馏水洗涤 3 次；每孔加 $200\mu l$ 封闭液 $4℃$ 过夜或 $37℃$ $2h$ 封闭。

d.洗涤液洗 3 次；此时包被板可在 $-20℃$ 或 $4℃$ 保存

备用。

e. 以上步骤同"用可溶性抗原的酶免疫吸附试（ELISA）"。

（4）用全细胞抗原的 ELISA

a. 按常规方法培养细胞，接种病毒，收获感染细胞和未感染细胞，进行细胞计数，用 PBS 制成适当浓度悬液。

b. 淋巴细胞悬液的制备采用新鲜外周血加肝素抗凝后，滴加于淋巴细胞分离液之上，1500r/min 离心 30min，吸取界面细胞洗涤 2 次，即为新鲜淋巴细胞悬液。该细胞悬液中若仍混有红细胞，离心后加 0.83% 的氯化铵溶液，室温 10min，洗涤 1 次即可。将该细胞悬液稀释至适当浓度。

c. 每孔加 $100\mu l$ 上述 a 或 b 的细胞悬液，使每孔含 $5\times10^4$ 个，1500r/min 15min 离心，甩去上清；室温干燥或吹干后用丙酮-甲醇（1:1）4℃固定 10min；可 4℃或 $-20$℃保存备用。

d. 以上步骤同"用可溶性抗原的酶免疫吸附试（ELISA）"。

（5）抗体捕捉 ELISA 试验　本法用抗 BALB/c 小鼠 IgG 的多克隆抗体捕捉待检样品中的 McAb，再依次加抗原、酶标多克隆抗体及底物显色。该法是常用的 ELISA 中较理想的一种；其操作步骤如下：

a. 以适当浓度的纯化抗鼠 IgG 抗体包被酶标板，每孔加 $100\mu l$，37℃ 2h 或 4℃过夜。

b. 洗涤、拍干后加待测的 McAb 样品，37℃ 1~2h。

c. 洗涤后加适量的抗原，37℃ 1~2h。

d. 洗涤后加入酶标多克隆抗体，37℃ 1~2h。洗涤后加底物显色，判定结果。

（6）ABC-ELISA 试验　ABC-ELISA 是在常规 ELISA

原理的基础上，增加了生物素（Biotin）与亲和素（Avidin）间的放大作用。亲和素由 4 个亚单位组成，对生物素有高度的亲和力。生物素很易与蛋白质共价结合。因此，结合了酶的亲和素与结合有抗体的生物素发生反应即起到了多极放大作用。其操作步骤如下：

a.已知抗原的包被及加待检 McAb 样品，同间接 ELISA 试验。

b.加生物素化抗鼠 Ig 抗体，每孔 100$\mu$l，37℃ 1h；洗涤。

c.加酶标亲和素，每孔 100$\mu$l，37℃ 30min 洗涤；加底物显色，判定结果。

（7）Dot-ELISA 试验　免疫斑点试验（Dot-ELISA）是以硝酸纤维素膜或醋酸纤维素膜为固相载体，进行抗原抗体反应的免疫检测手段。该法采用不溶性底物（如 DAB，或 4-氯萘酚，或 $AgNO_3$ 等），其与相应标记物（HRP、AP、胶体金）作用形成不溶性产物，呈现斑点状着色，从而易于判定结果。根据所用的标记物不同，可分为 HRP 免疫斑点试验、AP 免疫斑点试验和免疫金银斑点法等。其操作步骤大致如下：

a.将抗原液 2～5$\mu$L 点加于纤维素膜上，室温 37℃ 干燥。

b.将纤维膜浸入封闭液中，37℃ 30min。

c.用洗涤液洗 2 次，吸干后加待检 McAb 样品，37℃ 1h；用洗涤液振荡洗涤 3 次，每次 5min，加 HRP 或 AP 或胶体金标记的抗鼠 Ig 抗体，37℃作用 30min。

d.同法洗涤吸干，用新配的相应底物溶液显色，然后水洗终止反应，观察结果。

（8）免疫组化染色法　该法主要用于检测针对细胞抗原成分的 McAb，常用的方法是间接免疫过氧化物酶试验（Indirect immunoperoxidase，IIP）及 APAAP 技术。其结果用光镜或倒置显微镜检查。

### 2. 免疫荧光技术

免疫荧光技术可用于多种抗原的杂交瘤抗体检测，如细胞性抗原（包括细菌和动物细胞）、感染细胞中的病毒抗原和膜抗原等。其操作简单、敏感性高，可直接观察抗原定位等优点，在 McAb 的筛选与鉴定上具有重要的应用价值。

（1）器材和试剂

a. 供检测抗体用的抗原制备—固定细胞片或板，活细胞悬液。

b. PBS（pH7.2，0.01mol/L）。

c. 待检的 McAb 样品。

d. 冷丙酮。

e. FITC（异硫氰酸荧光素）或 TRITC（四甲基异硫氰酸罗丹明荧光素）标记的抗鼠 Ig 抗体等。

f. 荧光显微镜，磁力搅拌器，离心机，水浴箱等。

（2）间接免疫荧光法

a. 固定细胞片的制备：生长在盖片上的细胞（接种或未接种病毒），可直接收获盖片，在 PBS 中洗涤，用 4℃ 丙酮固定 10min，空气干燥，置密封容器于 −20℃ 保存备用；单细胞悬液可在盖片上制成涂片，4℃ 固定 10min。细胞涂片的制备：将 $10\mu L$ 细菌悬液（$1 \times 10^8$ 个/ml）涂抹在 7mm × 21mm 盖片上，自然干燥后，用 −20℃ 丙酮固定 10 ～ 15min，于 −20℃ 保存备用。

b. 盖片在去离子水中湿润后置架上滴加 $10\sim20\mu L$ 杂交瘤上清或其它待检样品；设立阳性、阴性对照；置 37℃ 水浴孵育 $0.5\sim1h$。

c. 取出盖片置 PBS 中用磁力搅拌器洗涤 15min。

d. 将盖片置架上，滴加工作浓度的抗鼠 1g 的荧光抗体 $10\sim20\mu L$，37℃ 孵育 $0.5\sim1h$。

e. 用 PBS 洗涤 15min；取出盖片，用延缓荧光淬灭的封载剂（如缓冲甘油：9 份甘油加 1 份 PBS）封于干净载玻片上。

f. 在荧光显微镜上观察，阳性结果可见特异性荧光（FITC 为黄绿色荧光，TRITC 为橘红色荧光）。

g. 细胞固定片的制备，也可改在培养板上进行，固定方法同步骤 a 中的固定方法。在观察结果时，将培养板翻转置于荧光显微镜下，判断标准不变。

(3) 活细胞的膜荧光染色　完整的活细胞的细胞膜，抗体不能透过。如果细胞在 4℃ 操作，则荧光染色仅限于细胞膜。必须注意死细胞常非特异性吸附大量荧光抗体，因此试验过程中要保证细胞的高活力。活细胞的膜荧光染色大致步骤如下：

a. 制备活性较好的细胞悬液，调节浓度至 $10^7$ 个/ml。

b. 在小试管中加入 $100\mu L$ 细胞悬液，再加入 $100\mu L$ 待检 McAb 的样品，混匀，4℃ 作用 $30\sim90min$。

c. 用洗涤液（PBS 900ml，小牛血清 50ml，4% NaN₃ 50ml）洗 2 次，每次加洗涤液 $1\sim5ml$，1000r/min 离心 5min，弃上清。加入 $100\mu L$ 荧光抗体，4℃ 作用 $30\sim90min$。

d. 同法洗涤，将细胞重新悬于 $20\sim30\mu L$ 含 10% 甘油和

$10 \sim 100 \mu g$ 苯二胺/ml 的溶液中；滴加于载玻片上，加盖片封载。

e.立即在荧光显微镜上检查。

f.细胞也可在染色后用 1% 多聚甲醛生理盐水固定，或至少在 4℃ 可保存 1 周。

### 3. 间接血凝试验

间接血凝试验又称被动血凝试验（PHA），是目前应用较广的检测方法之一。本试验是以包被可溶性抗原的红细胞作为指示系统，当被检抗体与包被在红细胞上的抗原产生特异性反应时，导致红细胞凝集现象。可见，该法具有灵敏、快速、容易操作和无需昂贵仪器等优点，而且经改用醛化红细胞以后，克服原来重复性差的缺点。

（1）器材和试剂

a.绵羊抗凝血，或人"O"型抗凝血。

b.缓冲液：PBS（pH7.2）；醋酸缓冲液。

c.甲醛，丙酮醛，叠氮钠，抗凝剂等。

d.血凝板，振荡器等。

（2）用多糖抗原的间接血凝试验

a.甲醛化绵羊红细胞的制备：无菌采集绵羊颈静脉血 50ml，用枸橼酸钠作抗凝剂；用 5 倍于红细胞压积的 pH7.2 PBS（$Na_2HPO_4 \cdot 12H_2O$ 3.58g，$KH_2PO_4$ 0.41g，NaCl 8.01g，蒸馏水 1000ml）充分洗涤 5 次，每次 1500r/min 5～10min，直至上清测定无蛋白质（用饱和硫酸铵滴定上清，观察有无白色沉淀），再以相同缓冲液配成 25% 红细胞悬液；将 25% 红细胞悬液与 20% 甲醛以 2.5：1 的比例混匀，37℃ 水浴作用 2h，每 15min 振荡 1 次，红细胞颜色逐渐由鲜红色转变为棕色；以 pH7.2 PBS 洗涤 4 次，每次 2000r/min 10min，再以同样的 PBS 制成 25％红细胞悬液；其后，重复醛化 1 次，方法同本步骤前面的方法；最后配成 20％醛化绵羊红细胞悬液，加甲醛至 0.3％防腐，4℃保存备用。

b.脂多糖抗原致敏甲醛化绵羊红细胞的制备：取脂多糖（LPS），以 0.2mol/L pH8.0 PBS 液，调整多糖浓度至 120μg/ml，然后 100℃水浴处理 1h；将冷却至 37℃的热处理 LPS 与 6％醛化红细胞等量混合，37℃搅拌作用 45min；取出离心 2000r/min 10min，以 0.01mol/L pH7.2 PBS 洗涤 4 次；配制成 4％致敏血细胞，分装，保存于 4℃备用，或冻干保存。

c.McAb 的筛选：取待测 McAb 样品 25μL，加入 V 形微量血凝板孔中，同时设立阴性、阳性对照；再加入 0.5％～5％致敏红细胞悬液 25μL，在振荡器上混匀 30s；置室温或 37℃ 30～60min 观察结果。阴性对照孔应呈紧缩的圆点。

（3）用可溶性蛋白抗原的间接血凝试验

a.红细胞醛化：采用双醛法。采绵羊或人“O”型抗凝血，每次加 10 倍于红细胞压积的 PBS 洗涤 4～6 次，然后配成 8％红细胞悬液；向此 8％红细胞悬液缓慢加入等量含有 3％丙酮醛和 3％甲醛的 PBS，于室温缓慢搅拌 17h；其后洗涤 3 次，配成 20％双醛化红细胞悬液，加 10％ NaN$_3$ 防腐，4℃保存备用。

b.致敏红细胞：取 20％双醛化红细胞 0.1ml，1500r/min 10min，弃上清，沉积红细胞加 0.2mol/L pH4.0 醋酸-醋酸钠缓冲液 1ml，并加最适浓度（应预先测定，蛋白抗原为 50μg/ml 左右）的抗原 1ml，混匀，于 45℃致敏 30min，有时轻轻摇动，使红细胞不下沉。然后离心去上清，并用 20 倍于红细胞压积的 PBS 洗 3～4 次，最后用 PBS 配成 0.5～1％致敏红细胞，4℃保存备用。

c. McAb 测定：同"（2）用多糖抗原的间接血凝试验"步骤 c 的方法进行。

### 4. 放射免疫测定

放射免疫测定是用放射性同位素标记抗原或抗体，以检测相应抗原或抗体的定量方法。在筛选和鉴定单抗时常用抗原固相法，即用抗原包被聚乙烯微板，借以检测样品中的 McAb，其操作步骤如下：

a. 用碳酸盐缓冲液将抗原稀释至适宜的浓度（1～100μg/ml），滴加聚乙烯微板孔内，100μL/孔，4℃过夜或 37℃ 2h。

b. 弃去抗原液，每孔加 100μL 含 0.5％～1％ BSA 的 PBS，4℃ 1～2h 封闭。

c. 用 BSA-PBS 洗涤 3 次，每次 3min。

d. 加待检样品，每孔 100μL，设立阴性孔、阳性孔和空白孔；37℃1～2h，按照步骤 c 中的同样的方法洗涤。

e. 每孔加 $^{125}$I 标记的抗鼠 Ig 抗体工作液 100μL，37℃ 1～2h，按照步骤 c 中的同样的方法洗涤。

f. 用 γ-射线闪烁计数仪分别测定各孔放射性。通常要求样品孔和阳性对照孔的放射性脉冲分别超过本底 5 倍和 10 倍。若以空白孔的放射性为基准，凡样品孔与阴性孔放射性之比大于 3 的样品定为阳性。

## 四、杂交瘤细胞的克隆化

从原始孔中得到的杂交瘤细胞，可能来源于2个或多个杂交瘤细胞，因此它们所分泌的抗体是不同质的。为了得到完全同质的单克隆抗体，必须对杂交瘤细胞进行克隆化。另外，杂交瘤细胞培养的初期是不稳定的，有的细胞丢失部分染色体，可能丧失产生抗体的能力。为了除去这部分已不再分泌抗体的细胞，得到分泌抗体稳定的单克隆杂交瘤细胞系（又称亚克隆），也需要克隆化。另外，长期液氮冻存的杂交瘤细胞，复苏后其分泌抗体的功能仍有可能丢失，因此也应作克隆化，以检测抗体分泌情况。通常在得到针对预定抗原的杂交瘤以后需连续进行2～3次克隆化，有时还需进行多次。所谓克隆化是指使单个细胞无性繁殖而获得该细胞团体的整个培养过程。克隆化的方法很多，如有限稀释法、软琼脂法、单细胞显微操作法、单克隆细胞集团显微操作法和荧光激活细胞分类仪（FACS）分离法。这里介绍最简单也是使用最广泛的前两种方法。

### 1. 有限稀释法

（1）材料

a. 96孔细胞培养板等。

b. HT培养基。

c. 活力强的杂交瘤细胞。

d. 小鼠腹腔细胞。

（2）方法

a. 制备小鼠腹腔细胞。同"细胞融合"方法。

b. 制备待克隆的杂交瘤细胞悬液，用含 20％血清的 HT 培养基稀释至每毫升含 2.5 个、15 个和 50 个细胞不同的稀释度。

c. 按每毫升加入 $5 \times 10^4 \sim 1 \times 10^5$ 个细胞的比例，在上述杂交瘤细胞悬液中分别加入腹腔巨噬细胞。

d. 每种杂交瘤细胞分装 96 孔板一块，每个稀释度 32 孔，每孔量为 0.2ml，每孔的杂交瘤细胞数分别为 0.5 个、3 个和 10 个。

e. 37℃、7.5％ $CO_2$ 湿润培养 7～10d，出现肉眼可见的克隆即可检测抗体；在倒置显微镜下观察，标出只有单个克隆生长的孔，取上清作抗体检测。

f. 取抗体检测阳性孔的细胞扩大培养，并冻存。

g. 本法中（b）、（c）、（d）也可简化为将计数后的杂交瘤细胞准确地进行系列稀释，直至每毫升含 10 个细胞，按每孔接种 0.1ml 细胞悬液，即每孔含 1 个细胞。

**2. 软琼脂法**

（1）材料

a. HT 培养基（双倍浓度）。

b. 用 0.15mol/L NaCl 配制的 2.0％琼脂糖：称取 2.0g 细胞培养用琼脂糖，悬浮于 100ml 0.15mol/L NaCl，121℃ 高压灭菌 15min，分装 10ml 小瓶，冷却后 4℃保存。

c. 小鼠腹腔细胞。

d. 灭菌平皿。

e. 45℃水浴。

f. 活力很好的杂交瘤细胞。

（2）方法

a.在培养皿中制备饲养细胞（小鼠腹腔细胞）单层。

b.临用前将 2.0％琼脂糖生理盐水溶液与等量双倍浓度的 HT 培养基混匀，配成 1％琼脂糖培养液，45℃水浴中温育。

c.吸去平皿上层培养液，加入 1％琼脂糖培养液 3ml，室温 10min。

d.取杂交瘤细胞悬液 1ml，加入 1％琼脂糖培养液 1ml 混匀，铺于上层。

e.37℃、7.5％湿润培养 7～14d，克隆生长至 2mm 时，用毛细吸管吸出克隆，直接转种于含有饲养细胞的 24 孔板，扩大培养。

f.吸取上清，检测抗体，阳性孔可继续克隆化，或扩大培养、冻存。

## 五、杂交瘤细胞的冻存与复苏

### 1.杂交瘤细胞的冻存

在建立杂交瘤细胞的过程中，有时一次融合产生很多"阳性"孔，来不及对所有的杂交瘤细胞做进一步的工作，需要把其中一部分细胞冻存起来；另外，为了防止实验室可能发生的意外事故，如停电、污染、培养箱的温度或 $CO_2$ 控制器失灵等给正在建立中的杂交瘤带来困难，通常尽可能早地冻存一部分细胞作为种子，以免遭到不测。在杂交瘤细胞建立以后，更需要冻存一大批，以备今后随时取用。

细胞冻存的原理是细胞在加血清和二甲基亚砜的培养基中以一定的缓慢速度下降温度（0～－20℃，每分钟下降

动物细胞培养技术

1℃；－20～－40℃每分钟下降 2℃），可在－196℃液氮或液氮蒸气中长期保存。本细胞冻存方法，经几年来对多种细胞的使用，细胞复苏存活率在 80％以上。

（1）材料

a.带盖吸管筒一只（铝质或洋铁皮制），内壁（包括筒底和盖）衬 1～2 层石棉纸或石棉布。

b.含 10％～20％血清、5％～10％ DMSO 的 HT 培养基，冰浴降温至 0℃左右（用作冻存液）。

c.灭菌安瓿或带盖小瓶。

d.－70℃冰箱。

e.液氮及液氮罐。

f.处于对数生长中期、健康而活力好的杂交瘤细胞。

（2）方法

a.将杂交瘤细胞（或其它细胞）离心，重新悬浮于预冷的冻存液中，浓度为 $10^6 \sim 10^7$ 个/ml，分装安瓿，每瓶 1ml，置冰浴上，安瓿上标明细胞名称、冻存日期、批号等。

b.安瓿封口后仍置冰浴上。

c.将安瓿放入一带收口绳的小布袋内，布袋上表明冻存号、细胞名称等，立即将布袋放入吸管筒内，置－70℃冰箱。

d.2～4h 后或过夜后从－70℃冰箱取出吸管筒，将盛有细胞布袋移入液氮罐；在布袋的线绳上作好标记或代码，最后在液氮冻存簿上作详细记录。

e.液氮罐应定期补充液氮（最好由专人管理），补充液氮及存取细胞时应带保护眼镜和手套，以免因液氮冻伤等。

### 2. 杂交瘤细胞的复苏

杂交瘤细胞、骨髓瘤细胞或其它细胞在液氮中保存，若无意外情况时，可保存数年至数十年。复苏时融解细胞速度要快，使之迅速通过最易受损的 $-5 \sim 0 ℃$，以防细胞内形成冰晶引起细胞死亡。

通常情况下，冻存时细胞数量多，生长状态好的杂交瘤细胞系以及其它细胞的复苏可采用以下方法，这也是各个实验室普遍采用的程序。即复苏时，从液氮中取出安瓿，立即在 $37 ℃$ 水浴融化，待最后一点冰块快要融化时，从水浴中取出，置冰浴上。用 $5 \sim 10 ml$ HT 培养基稀释，$1000 r / min$ $10 min$，弃上清，再悬浮于适量 HT 培养基中，转入培养瓶或 24 孔板，置 $37 ℃$、$7.5 \%$ $CO_2$ 培养。如果细胞存活力不高，死细胞太多，可加 $10^4 \sim 10^5$ 个/ml 小鼠腹腔细胞进行培养。

不过，冻存的细胞并不都能 $100 \%$ 复苏成功，其原因较多，如冻存时细胞数量少或生长状态不良，或复苏时培养条件改变或方法不当，也可能细胞受细菌或支原体污染，以及液氮罐保管不善等。在出现上述情况时，可采用一些补救方法复苏这些细胞，如小鼠皮下形成实体瘤法、脾内接种法、小鼠腹腔诱生腹水和实体瘤法，以及 96 孔板培养法等。

## 六、单抗特性的鉴定

### 1. 杂交瘤细胞的染色体分析

对杂交瘤细胞进行染色体分析可获得其是否是真正的杂交瘤细胞的客观指标之一，杂交瘤细胞的染色体数目应接近两种亲本细胞染色体数目的总和，正常小鼠脾细胞的染色体数目为40，小鼠骨髓瘤细胞SP2/0为62～68，NS-1为54～56；同时骨髓瘤细胞的染色体结构上反映两种亲本细胞的特点，除多数为端着丝点染色体外，还出现少数标志染色体。另一方面，杂交瘤细胞的染色体分析对了解杂交瘤分泌单抗的能力有一定的意义，一般来说，杂交瘤细胞染色体数目较多且较集中，其分泌能力则高，反之，其分泌单抗能力则低。

检查杂交瘤细胞染色体的方法最常用秋水仙素法，其原理是应用秋水仙素特异地破坏纺锤丝而获得中期分裂相细胞，再用0.075mol/L KCl溶液等低渗处理，使细胞膨胀，体积增大，染色体松散，经甲醇-冰醋酸溶液固定，即可观察检查。其操作步骤如下：

a.在加秋水仙素前48～36h将杂交瘤细胞传代。

b.秋水仙素处理：在培养瓶中加入秋水仙素（100μg/ml，除菌，－20℃保存），使最终浓度为0.1～0.4μg/ml（若改用秋水仙胺则最终浓度为0.02～0.05μg/ml），继续培养4～6h，然后吹打细胞，移入离心管中，1000r/min 10min，弃上清。

c.加入已预温到37℃的0.075mol/L KCl溶液5ml，将沉淀细胞悬浮并混匀，37℃水浴15～20min。

d.向悬液中加入新配制的固定液（甲醇与冰醋酸3:1混合）1ml，混匀，然后1000r/min 10min，弃去上清液。本步骤的目的是使细胞表面轻微固定，可防止固定后细胞粘连成团块。

e.加入固定液5ml，将细胞悬液并混匀，室温静置20～30min，然后1000r/min 10min，弃去上清液，重复操作一次，其后加5ml固定液，将细胞悬液并混匀，封上管口，置 4℃过夜。

f. 取出离心管，1000r/min 5min，轻轻吸去上清液，根据细胞压积多少而留下 0.5～1ml 固定液，将细胞悬浮并混匀后，吸取细胞悬液 1～2 滴，滴在刚从冰水中取出的载玻片上，用口吹散，并在火焰上通过数次，使细胞平铺于载玻片上，自然干燥。

g. 用新配制的 10％ Giemsa 染液染色 10～20min，然后用自来水洗去染液，自然干燥（Giemsa 染液配方：Giemsa 粉 0.5g，甘油 33ml，55～60℃保温 2h，加甲醇 33ml 混匀，保存于棕色瓶内作为原液；取原液 1 份，加 1/15mol/L pH6.8 PBS 9 份，即成 10％ Giemsa 染液）。

h. 镜检：选择染色体分散好、无重叠、无失散的细胞进行观察分析。每份标本应计数 100 个完整的中期核细胞，并注意观察是否有标志染色体。

**2. 单抗免疫球蛋白的类别和亚类鉴定**

抗体的类和亚类对决定提纯的方法有很大的帮助。除采用特殊的免疫方法和检测方法，最经常得到的单抗是 IgM 和 IgG，分泌 IgE 的杂交瘤细胞很少见，而分泌 IgA 的杂交瘤通常只有在用于融合的淋巴细胞来自肠道相关淋巴组织才能得到。如在抗体检测中使用葡萄球菌 A 蛋白试剂，则不可能得到 IgG 以外的其它类的抗体。鉴定单抗 Ig 类和亚类的方法主要有两种：一种是免疫扩散，另一种是 ELISA。

（1）免疫扩散法　这种方法简便、准确，最常用。被检的 McAb 样品通常为杂交瘤细胞培养上清液，由于其中单抗的浓度较低，应先将其浓缩至原来的 1/10～1/20 再检测。小鼠腹水中的单抗浓度虽很高，但也含有小鼠本身的各类

Ig，它们也会与相应的抗血清发生反应，使鉴定结果出现混乱，即使将腹水稀释 10～20 倍后再检测也不能完全避免上述情况的发生，因此一般不用腹水型单抗作为被检样品。

① 材料

a. 小鼠 IgG 及其亚类 $IgG_1$、$IgG_{2a}$、$IgG_{2b}$、$IgG_3$ 和 IgM、IgA 的抗血清。

b. 0.06mol/L 巴比妥钠-盐酸缓冲液（pH8.6）。

c. 1% 琼脂糖凝胶：1g 琼脂糖加入 100ml 0.06ml/L pH8.6 巴比妥钠-盐酸缓冲液中，隔水煮沸溶解，加 0.02% 叠氮钠防腐，4℃保存备用。

d. 洁净载玻片，打孔器（直径 3mm），湿盒，酒精灯。

② 方法

a. 杂交瘤细胞培养上清液的浓缩：取该上清液 10ml 装入透析袋中，用线扎紧，放在小烧杯中，透析袋周围堆置 PEG6000 或蔗糖或 PVP（聚乙烯吡咯烷酮，Polyvinylpyrrolidone），放置数小时，待透析袋内液体量浓缩至 0.5～1ml 时，吸出，可于 -20℃保存备用；也可采用吹风蒸发浓缩。

b. 加热溶化 1% 琼脂糖凝胶，铺制琼脂糖板，每片约 3ml。

c. 待琼脂凝固后，用打孔器在琼脂板上打出梅花形的小孔（中央 1 孔，周围 6 孔），然后封底。

d. 向中央孔加入抗小鼠 IgG 类或亚类抗血清，周围孔加入待检样品；加样后将琼脂板放入湿盒，置 37℃水浴箱中 12～24h 或 4℃过夜，观察结果。

（2）ELISA 法　该法不需要将样品浓缩，而且比免疫扩散法更快地得到结果。

① 材料

a.ELISA 所需用溶液同杂交瘤细胞的筛选。

b.酶标板。

c.山羊抗鼠 Ig；兔抗小鼠 Ig 类及亚类特异性血清；HRP 结合的山羊抗兔 Ig 等。

d.待检杂交瘤细胞培养上清；阴性、阳性对照样品。

② 方法一

a.每孔加入适量的 $100\mu L$ 山羊抗小鼠 Ig，室温 2h；洗涤液洗 2 次。

b.每孔加 $200\mu L$ 封闭液，室温作用 1h。

c.洗涤液洗 2 次；加 $100\mu L$ 杂交瘤细胞培养上清，4℃过夜；设阴性、阳性对照孔。

d.洗涤 4 次，每孔加 $100\mu L$ 兔抗小鼠 Ig 类及亚类特异性抗血清，室温 2h。

e.洗涤 4 次，加 $100\mu L$ HRP 标记的山羊抗兔 Ig；室温作用 2h。

f.洗涤后，加底物显色，判读结果。

g.若有 HRP 标记的抗小鼠 Ig 类及亚类试剂，则可省去步骤 e。

③ 方法二

a.以适宜浓度的抗原包被酶标板，$100\mu L/$孔，4℃过夜。

b.洗涤后，加入待检的单抗样品，$100\mu L/$孔，37℃1h；设阴性、阳性对照孔。

c.洗涤后，加入 HRP 标记的抗小鼠类及亚类 Ig 的抗体试剂，$100\mu L/$孔，37℃避光显色 15min；用 $2mol/L$ $H_2SO_4$ 终止反应后，阅读各孔的 $OD_{490}$ 值。

### 3. 单抗纯度的鉴定

聚丙烯酰胺凝胶电泳（PAGE）、SDS-PAGE、等电点聚焦电泳（IEF）及免疫转印分析（WB）等方法都可用于鉴定单抗的纯度。

### 4. 单抗理化特性的鉴定

从实用意义上说，单抗对温度和 pH 变化的敏感性以及单抗的亲和力都是理化特性鉴定的主要项目，它们可为单抗的使用和保存提供重要依据。其中单抗亲和力测定比较复杂，下面作简要介绍。

抗体亲和力是指抗体与抗原或半抗原结合的程度，其高低主要是由抗体和抗原分子的大小、抗体分子结合簇（部）和抗原决定簇之间的立体构型的合适程度决定的。亲和力通常以平均内在结合常数（$K$）表示。

单抗亲和力测定是十分重要的，它可为正确选择不同用途的单抗提供依据。在建立各种检测方法时，应选用高亲和力的单抗，以提高敏感性和特异性，并可节省试剂。而在亲和层析时，应选用亲和力适中的单抗作为免疫吸附剂，因为亲和力过低不易吸附，亲和力过高不易洗脱。

精确测定单抗的亲和力是较困难的，好在实际应用中选择单抗时，通常只需测定各单抗的相对亲和力及其高低排列次序。常用的方法有竞争 ELISA、非竞争性 ELISA、间接 ELISA、间接法夹心 ELISA 等，这里仅介绍竞争性 ELISA 测定单抗亲和常数的方法。其步骤是：

取适宜浓度的纯化抗原包被酶标板，100μL/孔，4℃过夜。洗涤后，加入封闭液（0.5% BSA-PBS，pH7.2）

$100\mu\mathrm{L}/$孔，$37^{\circ}\mathrm{C}$ 1h。取一定浓度的单抗，与系列倍比稀释的抗原混合，$4^{\circ}\mathrm{C}$过夜，使反应达到平衡；必须注意所用抗原浓度至少要比抗体浓度高 10 倍以上。将平衡后的抗原抗体复合物加入酶标板孔中，$100\mu\mathrm{L}/$孔，$37^{\circ}\mathrm{C}$ 1h。洗涤后，加入适宜稀释度的 HRP 标记抗小鼠 IgG 抗体，$100\mu\mathrm{L}/$孔，$37^{\circ}\mathrm{C}$ 1h。洗涤后，加入底物（OPD）溶液，$100\mu\mathrm{L}/$孔，$37^{\circ}\mathrm{C}$显色 15min；$2\mathrm{mol/L\ H_2SO_4}$ 终止反应后，于 495nm 波长测定各孔的吸收率（$A$）。按下列公式计算各单抗的亲和常数（$K$）：

$$A_0/(A_0-A)=1+K/a_0$$

其中 $A_0=$ 无抗原时的 $A$ 值；$A=$ 采用不同浓度抗原时的 $A$ 值；$a_0=$ 抗原总量；$K=$ 亲和常数。

### 5. 单抗与相应抗原的反应性测定

单抗与相应抗原的反应性决定于它所识别的抗原表位，确定单抗针对的表位在抗原结构上的位置，是单抗特性鉴定的关键环节，同时，进一步分析这类表位的差异，可正确评价单抗的特异性和交叉反应性，如一些抗原为同属不同血清型共有，甚至是科内不同属所共有，而另一些抗原表位则是某种血清型乃至某一菌株或毒株所特有。此外，单抗的反应性往往呈现一种或几种免疫试验特异性，这在建株时予以测定，有利于正确使用这些单抗。

单抗反应性测定的方法很多，包括各类免疫血清学试验、生物学试验和免疫化学技术等，选择何种方法依据不同的单抗特性和试验目的而定。

# 第四节 ▌ 单克隆抗体的生产

获得稳定的杂交瘤细胞系后，即可根据需要大量生产单抗，以用于不同目的。目前大量制备单抗的方法主要有两大系统，一是动物体内生产法，这是国内外实验室所广泛采用，另一是体外培养法。

## 一、动物体内生产单抗的方法

迄今为止，通常情况下均采用动物体内生产单抗的方法，鉴于绝大多数动物用杂交瘤均由 BALB/c 小鼠的骨髓瘤细胞与同品系的脾细胞融合而得，因此使用的动物当然首选 BALB/c 小鼠。本方法即将杂交瘤细胞接种于小鼠腹腔内，在小鼠腹腔内生长杂交瘤，并产生腹水，因而可得到大量的腹水单抗且抗体浓度很高。可见该法操作简便、经济，不过，腹水中常混有小鼠的各种杂蛋白（包括 Ig），因此在很多情况下要提纯后才能使用，而且还有污染动物病毒的危险，故而最好用 SPF 级小鼠。

### 1. 材料

（1）成年 BALB/c 小鼠。

（2）降植烷（Pristance）或液体石蜡。

（3）处于对数生长期的杂交瘤细胞。

2.方法

（1）腹腔接种降植烷或液体石蜡，每只小鼠 0.3～0.5ml。

（2）7～10d 后腹腔接种用 PBS 或无血清培养基稀释的杂交瘤细胞，每只小鼠 $5 \times 10^5$ 个/0.2ml。

（3）间隔 5d 后，每天观察小鼠腹水产生情况，如腹部明显膨大，以手触摸时，皮肤有紧张感，即可用 16 号针头采集腹水，一般可连续采 2～3 次，通常每只小鼠可采 5～10ml 腹水。

（4）将腹水离心（2000r/min 5min），除去细胞成分和其它的沉淀物，收集上清，测定抗体效价，分装，－70℃冻存备用，或冻干保存。

## 二、体外培养生产单抗的方法

总体上讲，杂交瘤细胞系并不是严格的贴壁依赖细胞（Anchorage dependent cell，ADC），因此既可以进行单层细胞培养，又可以进行悬浮培养。杂交瘤细胞的单层细胞培养法是各个实验室最常用的手段，即将杂交瘤细胞加入培养瓶中，以含 10%～15% 小牛血清的培养基培养，细胞浓度以 $1 \times 10^6$～$2 \times 10^6$ 个/ml 为佳，然后收集培养上清，其中单抗含量约 10～50μg/ml。显然，这种方法制备的单抗量极为有限，无疑不适用于单抗的大规模生产。要想在体外大量制备单抗，就必须进行杂交瘤细胞的大量（高密度）培养。单位体积内细胞数量越多，细胞存活时间越长，单抗的浓度就越高，产量就越大。

目前在杂交瘤细胞的大量培养中，主要有两种类型的培养系统。其一是悬浮培养系统，采用转瓶或发酵罐式的生物反应器，其中包括使用微载体；其二是细胞固定化培养系统，包括中空纤维细胞培养系统和微囊化细胞培养系统。

（1）悬浮培养法　目前小规模悬浮培养多采用转瓶培养，通过搅拌使细胞呈悬浮状态；而大规模悬浮培养多采用发酵式的生物反应器，美国、加拿大、法国和德国等几家公司生产这类反应器，其培养方式可分为纯批式、流加式、半连续式和连续式。

（2）微载体培养法　微载体（Microcarrier）是以小的固体颗粒作为细胞生长的载体，在搅拌作用下微载体悬浮于培养液中，细胞则在固体颗粒表面生长成单层。可用作细胞大量培养的微载体主要以交联琼脂糖或葡聚糖、聚苯乙烯、玻璃等作为基质的产品，其中以 Cytodex I、Biosilon 和 Superbeads 为好。微载体培养的基本方法上与悬浮培养相同。近来的研究表明，该法是杂交瘤细胞大量培养的理想途径之一。

（3）中空纤维细胞培养系统　该系统由中空纤维生物反应器、培养基容器、供氧器和蠕动泵等组成。用于细胞培养的中空纤维由乙酸纤维、聚氯乙烯-丙烯复合物、多聚碳酸硅等材料制成，外径一般为 $100\sim500\mu m$，壁厚 $25\sim75\mu m$，壁呈海绵状，上面有许多微孔。中空纤维的内腔表面是一层半透性的超滤膜，其孔径只允许营养物质和代谢废物出入，而对细胞和大分子物质（如单抗等）有滞留作用。目前使用的中空纤维生物反应器分为柱式、板框式和中心灌流式。尽管该培养系统在大规模生产单抗时成本较低，并可获得高产量高纯度的抗体，由于设备价格昂贵，限制了其使用范围。

（4）微囊化细胞培养系统　该系统是先将杂交瘤细胞微囊化，然后将此具有半透膜的微囊置于培养液中进行悬浮培养，一定时间后，从培养液中分离出微囊，冲洗后打开囊膜，离心后即可获得高浓度的单抗。

总之，上述四种体外培养生产单抗的方法仍处在发展之中；随着研究的不断深入和技术的完善，它们将会在单抗生产的产业化进程中发挥越来越大的作用。

## 三、杂交瘤细胞的无血清培养

杂交瘤细胞的体外培养绝大多数应用 DMEM 或 RPMI-1640 为基础培养基，添加 $10\%\sim20\%$ 胎牛或新生小牛血清。基础培养基主要提供各种氨基酸、维生素、葡萄糖、无机盐、各种合成核酸和脂质的前体物质。而血清主要供给杂交瘤细胞等各种营养成分，血清中的激素可刺激细胞生长，其中的许多蛋白质能结合有毒性的离子和热源质而起解毒作用，同时这些蛋白质对激素、维生素和脂类有稳定和调节作用。但是，血清中含有上百种蛋白质，这给单抗的纯化带来很大麻烦，而未纯化的含有异种蛋白的单抗用于动物治疗可诱发变态反应；加之血清来源有限，每批血清之间质量差异较大，直接影响结果的稳定性，同时血清是杂交瘤细胞发生支原体污染的最主要来源之一，而且价格较贵。为了克服血清的这些缺点，采用无血清培养基培养杂交瘤细胞越来越受到广泛重视。

无血清培养的实质就是用各种不同的添加剂来代替血清，然后进行杂交瘤细胞的培养。目前已报道的各类无血清培养基有含有大豆类脂的、含有酪蛋白的、化学限定性的、无蛋白的、含有血清低分子量成分的无血清培养基，其中一部分已有产品出售。综合这些无血清培养基，约有几十种不同的添加剂可用于无血清培养基，在其中至少必须添加胰岛素、转铁蛋白、乙醇胺和亚硒酸钠这四种成分，才能起到类似血清的作用，其它较重要的添加剂包括白蛋白、亚油酸和油酸、抗坏血酸以及锰等一些微量元素。

采用无血清培养基培养杂交瘤细胞制备单抗，有利于单抗的纯化，有助于大规模生产，可减少细胞污染的机会，且成本较低。但无血清培养细胞的生产率低、细胞密度小，影响了单抗的产量；同时无血清培养基还缺少血清中保护细胞免受环境中蛋白酶损伤的抑制因子等。尽管如此，无血清培养基终究会成为杂交瘤细胞培养的理想的培养基。

# 第五节 ▌ 单克隆抗体的纯化

## 一、腹水型单抗的纯化

在单抗纯化之前，一般均需对腹水进行预处理，目的是为了进一步除去细胞及其残渣、小颗粒物质，以及脂肪滴等。常用的方法有二氧化硅吸附法和过滤离心法，以前者处理效果为佳，而且操作简便。

（1）二氧化硅吸附法　新鲜采集的腹水（或冻存的腹水），$2000r/min$ $15min$，除去细胞成分（或冻存过程中形成的固体物质）等；取上层清亮的腹水，等量加入 pH7.2 巴比妥缓冲盐水（VBS，0.004mol/L 巴比妥，0.15mol/L NaCl，0.8mmol/L $Mg^{2+}$，0.3mmol/L $Ca^{2+}$）稀释；然后以每 10ml 腹水中加 150mg 二氧化硅粉末，混匀，悬液在室温孵育 30min，不时摇动；2000g 离心 20min，脂质等通过该法除去，即可得澄清得腹水。

（2）过滤离心法　用微孔滤膜过滤腹水，以除去较大得凝块及脂肪滴；用 10000g 15min 高速离心（4℃）除去细胞残渣及小颗粒物质。

（3）混合法　即上述两法的组合，先将腹水高速离心，取上清液再用二氧化硅吸附处理。

## 二、单抗的粗提

### 1.硫酸铵沉淀法

（1）饱和硫酸铵溶液的配制　500g 硫酸铵加入 500ml 蒸馏水中，加热至完全溶解，室温过夜，析出的结晶任其留在瓶中。临用前取所需的量，用 2mol/L NaOH 调 pH 至 7.8。

（2）盐析　吸取 10ml 处理好的腹水移入小烧杯中，在搅拌下，滴加饱和硫酸铵溶液 5.0ml，继续缓慢搅拌 30min，10000r/min 离心 15min；弃去上清液，沉淀物用 1/3 饱和度硫酸铵悬浮，搅拌作用 30min，同法离心；重复前一步 1~2 次；沉淀物溶于 1.5ml PBS（0.01mol/L pH7.2）或 Tris-HCl 缓冲液中。

（3）脱盐　常用柱层析或透析法。柱层析法是将盐析样品过 Sephadex G-50 层析柱，以 PBS 或 Tris-HCl 缓冲液作为平衡液和洗脱液，流速 1ml/min。第一个蛋白峰即为脱盐的抗体溶液。透析法是将透析袋于 2% $NaHCO_3$，1mmol/L EDTA 溶液中煮 10min，用蒸馏水清洗透析袋内外表面，再用蒸馏水煮透析袋 10min，冷至室温即可使用（并可于 0.2mol/L EDTA 溶液中，4℃保存备用）。将盐析样品装入透析袋中，对 50～100 倍体积的 PBS 或 Tris-HCl 缓冲液透析（4℃）12～24h，其间更换 5 次透析液，用萘氏试剂（碘化汞 11.5g、碘化钾 8g，加蒸馏水 50ml，待溶解后，再加 20%NaOH 50ml）检测，直至透析外液无黄色物形成为止。

（4）蛋白质含量的测定

$(Pr)(mg/ml) = (1.45 \times OD_{280} - 0.74 \times OD_{260}) \times$ 稀释倍数；或 $(Pr) = OD_{280} \times$ 稀释倍数$/3$

（5）分装冻存备用

### 2. 辛酸-硫酸铵沉淀法

该法简单易行，适合于提纯 $IgG_1$ 和 $IgG_{2b}$，但对 $IgG_3$ 和 IgA 的回收率及纯化效果差。其主要步骤如下：取 1 份预处理过的腹水加 2 份 0.06mol/L pH5.0 醋酸缓冲液，用 1mol/L HCl 调 pH 至 4.8；按每毫升稀释腹水加 11$\mu$L 辛酸的比例，室温搅拌下逐滴加入辛酸，于 30min 内加完，4℃静置 2h，取出 15000r/min 离心 30min，弃沉淀；上清经尼龙筛过滤（125$\mu$m），加入 1/10 体积的 0.01mol/L PBS，用 1mol/L NaOH 调 pH 至 7.2，在 4℃下加入硫酸铵至 45% 饱和度，作用 30min，静置 1h；10000r/min 离心 30min，弃上清；沉淀溶于适量 PBS（含 137mmol/L NaCl，2.6mol/L KCl，0.2mmol/L EDTA）中，对 50～100 倍体积的 PBS 透析，4℃过夜，其间换水 3 次以上；取出 10000r/min 离心 30min，除去不溶性沉渣，测定蛋白质含量后，分装，冻存备用。

### 3.优球蛋白沉淀法

该法适用于 $IgG_3$ 和 IgM 型单抗的提取，所获制品的抗体活性几乎保持不变，对 $IgG_3$ 单抗的回收率高于 90%，对 IgM 单抗的回收率为 40%～90% 不等。其操作步骤如下：取一定量的预处理过的腹水，先后加入 NaCl 和 $CaCl_2$，使各自的浓度分别达 0.2mol/L 和 25mmol/L，随之可见纤维蛋白的产生；经滤纸过滤后，滤液对 100 倍体积的去离子水透析，4℃ 8～15h（若是 $IgG_3$ 单抗，也可室温 2h），其间换水 1～2 次；取出后 22000r/min 离心 30min，弃上清；将沉淀溶于 pH8.0 1mol/L NaCl、0.1mol/L Tris-HCl 溶液中，重复上述的透析与离心；将沉淀的优球蛋白浓度调至 5～10mg/ml，分装冻存备用。

# 第六节 ▎ 单克隆抗体的标记

目前动物用单抗，在动物疫病诊断和检疫、妊娠检测、性别鉴定等方面有广泛的应用，大多以诊断试剂（盒）的形式提供，其中核心试剂为标记的单抗。下面将介绍最常用的几种标记技术。

## 一、酶标记

### （一）辣根过氧化物酶（HRP）标记

辣根过氧化物酶（HRP）标记抗体和多克隆抗体的常

用方法是过碘酸钠法。其原理是 HRP 的糖基用过碘酸钠氧化成醛基，加入抗体 IgG 后该醛基与 IgG 氨基结合，形成 Schiff 氏碱。为了防止 HRP 中糖的醛基与其自身蛋白氨基发生偶合，在用过碘酸钠氧化先用二硝基氟苯阻断氨基。氧化反应末了，用硼氢化钠稳定 Schiff 氏碱。这里介绍两种程序。

### 1. 程序一

（1）将 5mg HRP 溶于 0.5ml 0.1mol/L $NaHCO_3$ 溶液中；加 0.5ml 10mmol/L $NaIO_4$ 溶液，混匀，盖紧瓶塞，室温避光作用 2h。

（2）加 0.75ml 10.1mol/L $Na_2CO_3$ 混匀。

（3）加入 0.75ml 小鼠已处理的腹水，或纯化单抗等（15mg/ml），混匀。

（4）称取 Sephadex G25 干粉 0.3g，加入一支下口垫玻璃棉的 5ml 注射器外筒内；随后将上述交联物移入注射器外套；盖紧，室温作用（避光）3h 或 4℃过夜。

（5）用少许 PBS 将交联物全部洗出，收集洗出液，加 1/20V 体积新鲜配制的 5mg/ml $NaBH_4$ 溶液，混匀，室温作用 30min；再加入 3/20V $NaBH_4$ 溶液，混匀，室温作用 1h（或 4℃过夜）。

（6）将交联物过 Sephadex G200 或 Sepharose 6B（2.5×50cm）层析纯化，分管收集第一峰。

（7）酶结合物质量鉴定

① 克分子比值测定

酶量（mg/ml）＝$OD_{403}$×0.4

IgG 量（mg/ml）＝（$OD_{280}$－$OD_{403}$×0.3）×0.62

克分子比值（E/P）＝酶量×4/IgG 量，一般在 1～2 之间。酶结合率＝酶量×体积/抗体，标记率一般为 0.3～0.6，即 1～2 个 HRP 分子结合在一个抗体分子上，标记率可大于 0.6、0.8、0.9；$OD_{403}/OD_{280}$ 等于 0.4 时，E/P 约为 1。

标记率＝$OD_{403}/OD_{280}$

② 酶活性和抗体活性的测定：可应用 ELISA 法、免疫扩散、$DAB\text{-}H_2O_2$ 显色反应测定酶结合物的酶活性，抗体活性及效价、特异性。

③ HRP 抗体结合物的保存：加入等量甘油后，小量分装－20℃存放，防止反复冻融；或加入等量 60％甘油 4℃保存；不宜加叠氮钠或酚防腐，否则会影响酶活性。必要时冻干保存，以 BSA 或脱脂奶粉作保护剂。

## 2. 程序二

（1）将 5mg HRP 溶于 0.3mol/L pH8.1 $NaHCO_3$ 溶液中，加入 1％二硝基氟苯无水乙醇溶液 0.1ml，室温搅拌作用 1h，以封闭 HRP 分子上的 α 氨基和 ε 氨基。

（2）再加 1ml 0.06mol/L 过碘酸钠溶液，在室温中避光轻搅 30min，溶液呈黄绿色；随后加 1ml 0.06mol/L 乙二醇，轻搅 1h，中止氧化反应。

（3）移入透析袋中，在 1000ml 0.01mol/L pH9.5 碳酸盐缓冲液中，4℃透析过夜，更换三次缓冲液，注意避光。

（4）吸取上述醛化好的 HRP 溶液 3ml，加入 5mg IgG 的碳酸盐缓冲液 1ml，室温轻搅 2～3h，避光；加入 5mg $NaBH_4$，4℃ 放置 3h 或过夜，或换用乙醇胺（2mol/L pH9.5）0.2ml，作用 7h。

（5）再移入透析袋中，在 0.02mol/L pH7.4 PBS 中透析 24h，更换三次缓冲液。

（6）用 3000r/min 离心 30min，除去沉淀物。上清液再用半饱和硫酸铵盐析 3 次，沉淀用少许 PBS 溶解，透析或层析除盐，必要时进一步层析纯化。

（7）步骤同程序一。

## （二）碱性磷酸酶（AP）标记

碱性磷酸酶（AP）用于标记抗体，常用戊二醛一步法，将酶和单抗混合，再加入适量戊二醛，使酶和抗体蛋白的 $NH_2$ 分别与两个醛基结合，制备成结合物。该法简便，但所得产物不均一，抗体活性损失大，酶标记率低。其程序如下：

（1）将 5mg AP 加入 1ml 抗体溶液（2mg/ml）中溶解，装入透析袋，于 4℃对 0.01mol/L pH7.2 PBS 透析 18h，换液 3 次。

（2）加入 2.5％戊二醛 $20\mu l$，室温作用 1～2h，4℃对 PBS 透析过夜，其间换液三次。

（3）换用 0.05mol/L pH8.0 Tris-HCl 缓冲液透析，4℃过夜，换液 3 次。

（4）取出标记抗体，用含 1％BSA 的 Tris-HCl 缓冲液稀释至 4ml，即为 AP 标记物原液。

（5）每毫升中加入 0.4ml 甘油，小量分装，保存备用。

## （三） PAP、 APAAP 的制备

PAP（过氧化物酶-抗过氧化物酶桥联酶标技术）、APAAP（碱性磷酸酶-抗碱性磷酸酶桥联酶标技术）的制备

对于日益广泛使用单抗的免疫细胞化学有重要意义。现在已有商品化的小鼠、大鼠、豚鼠、山羊、绵羊和兔 PAP、APAAP 试剂供应，只要配以相应的桥抗体，即可非常便利地应用单抗。因为 PAP 法和 APAAP 法不用任何化学交联剂处理酶和抗体，它们的活性均不受化学因素的影响，提高了敏感性和特异性。PAP 和 APAAP 试剂的制备方法常采用先将 HRP 或 AP 加入抗 HRP 或 AP 的抗血清或单抗中而获得免疫沉淀物，再加入酶盐水，过量的酶有助于免疫沉淀物的解离反应，调 pH 至 2.3，随后立即中和，除去不溶解的沉淀物后，加入半饱和硫酸铵，纯化 PAP 或 APAAP。

根据需要还可将 PAP 和 APAAP 试剂先与相应桥抗体结合后，再与特定单抗组成完整的诊断试剂，这样，单抗即可一步法用于诊断或检测试验等。

## 二、荧光素标记

### 1. 异硫氰酸荧光素（FITC）标记

FITC 标记抗体的原理是在碱性条件下，FITC 的异硫氰基能与 IgG 的自由氨基结合，形成 IgG 与荧光素的结合物。FITC 是最常用的荧光素，其次选用 TRITC（四甲基异硫氰酸罗丹明）。FITC 和 TRITC 是常用的双标记组合。其标记步骤如下：

（1）以碳酸盐缓冲液（pH9.3，$Na_2CO_3$ 8.6g，$NaHCO_3$ 17.3g，蒸馏水 1000ml）调整抗体浓度至 10mg/ml。

（2）取 5ml 抗体溶液置于 10ml 小烧杯中。

（3）称取 1mg FITC 溶于 0.2ml DMSO 中，待溶解后立即缓慢滴加于抗体液内，边加边轻搅，其后室温避光作用 2h。

（4）将交联物经 Sephadex G25 或 G50 柱层析除去游离的荧光素；分管收集第一峰为标记的抗体。

（5）FITC 的结合物质量鉴定

IgG 量（mg/ml）＝（$OD_{280}$－$OD_{495}$×0.35）/1.4

F/P＝2.87×$OD_{495}$/（$OD_{280}$－$OD_{495}$×0.35）。一般来说，FITC 对抗体的摩尔比为 3∶1 时适合于组织切片染色，为（5～6）∶1 时适合于细胞悬液染色。以标记抗体染色各种抗原，测定其特异性染色滴度和非特异染色的程度。

（6）标记抗体的保存　宜保存于 4℃加叠氮钠防腐。

### 2. 异硫氰酸罗丹明（TRITC）标记

异硫氰酸罗丹明（TRITC）标记基本与 FITC 标记相同。

## 三、同位素标记

必须强调的是，在使用同位素标记单抗或其它蛋白之前，应掌握同位素操作和防护知识。正常情况下应包括避免物理的接触和对 γ-射线照射的有效保护，操作和使用同位素标记抗体时，应利用防护装置，并合理处置含放射性的废料。

### 1. 碘标记

用碘标记抗体是一种有效的标记方法。[125]I 衰变产生低能的 γ 射线和 X 射线，很容易被检测出来，而其 60d 的半衰期保证足够的有效使用期，且能很方便地处理放射废料。最常用的碘标记方法是氯胺 T 法，即将氧化剂氯胺 T 加入抗体和碘化物的溶液中，$Na^{125}I$ 在氯胺 T 作用下 I 转化成 $I^2$，游离 $I^2$ 可与抗体分子中酪氨酸和一些组氨酸发生卤化反应，用还原剂和游离酪氨酸终止反应，经凝胶过滤将标记的抗体与碘化酪氨酸及还原剂分离开。其主要操作步骤如下：

（1）在进行标记之前，先选用截流分子量为 20000～50000 的凝胶，制备 1ml 凝胶柱，然后分别用 10 倍体积的 1%BSA/PBS/0.02%叠氮钠和 PBS 洗涤柱体，封住柱下口，备用。

（2）加入 10μg 纯化单抗至含有 25μL 2.5mol/L 磷酸钠（pH7.5）的 1.5ml 指形管内。随后，加入 500μCi $Na^{125}I$ 混匀。

（3）加入 25μL 新配制的 2mg/ml 氯胺 T。室温放置 60s。再加入 50μL 氯胺 T 终止液（含 2.4mg/ml 偏重亚硫酸钠、10mg/ml 酪氨酸、10%甘油和 0.1%环乙烷酰二甲苯的 PBS）。

（4）将上述碘标记物上样在凝胶柱表面，小心放开柱体下口，用 1.5ml 指形管收集。当碘标记物全部进入柱体，加入 0.3ml 含 0.03%叠氮钠的 PBS，用另一指形管收集 0.3ml，然后再加 0.3ml 0.03% 叠氮钠 PBS，下口收集 0.3ml，重复进行，同时用同位素检测仪测定标记与未标记的单抗。标记抗体大约在第一至第四管出现，开弃化处理柱子和非单抗标记部分。

（5）将标记单抗保存于 4℃可使用 6 周时间

## 2. 生物合成法标记

将杂交瘤细胞培养在含有放射性前体的培养基中，随着抗体分子的合成、组装，同位素会标记在抗体分子的初级氨基酸链上，本方法不会导致抗体活性的丧失。其主要步骤是：

（1）离心收集处于对数生长期的杂交瘤细胞，约需 $2\times 10^6$ 个细胞。以预热至 37℃ 不含甲硫氨酸的培养基洗涤上述细胞。

（2）用含 2% PBS 不含甲硫氨酸的培养基悬浮杂交瘤细胞至 $10^6$ 个/ml，加入 S-甲硫氨酸（每次加入 $100\mu Cl$ 可产生 $10^5\sim 10^6$ cpm 的抗体）。

（3）经 $CO_2$ 培养箱中培养过夜，离心后，吸出培养上清，分别加入 1/20 体积的 1mol/L Tris（pH8.0）及叠氮钠至浓度 0.02%。该标记抗体可按纯化单抗方法进行。

## 四、生物素标记

生物素标记反应常用生物素琥珀酰亚胺酯进行。生物素是与抗体分子的游离赖氨酸等发生偶联反应而完成标记。其主要步骤是：

（1）用二甲基亚砜配制 10mg/ml 的 N-羟琥珀酰亚胺生物素（应根据需要选用不同大小和间臂长的生物素化琥珀酯）。

（2）用硼酸钠缓冲液（0.1mol/L，pH8.0）稀释单抗溶液至 $1\sim 3$mg/ml。

（3）每毫克抗体加入 $25\sim 250\mu g$ 的生物素酯，混匀后，室温作用 4h。

（4）按每 $250\mu g$ 生物素酯加入 $20\mu L$ 1mol/L $NH_4Cl$ 终止反应，室温放置 10min。

（5）以 PBS 充分透析除去游离生物素，标记抗体冻存。

## 五、其它标记技术

适用于蛋白质的其它标记方法也可用于单抗，如金标记、化学发光标记、SPA 标记、铁蛋白标记等。

# 附录

## 一、常用的动物细胞系

| 细胞名称 | 中文名称 |
| --- | --- |
| 293 | 人胚肾细胞 |
| 293T | 人胚肾细胞 |
| 311 | 果蝇胚胎细胞 |
| 3T3-L1 | Swiss albion 小鼠脂肪细胞 |
| 3T6 | Swiss albion 小鼠胚胎成纤维细胞 |
| 4T1 | 小鼠乳腺癌细胞 |
| AGS | 人胃腺癌细胞 |
| Ana-1 | 小鼠巨噬细胞 |
| AtT20 | 小鼠垂体瘤细胞 |
| BHK | 叙利亚仓鼠肾细胞 |
| BHK-21 | 叙利亚仓鼠肾细胞 |
| BIU-87 | 人浅表性膀胱癌细胞 |
| BRL-3A | 大鼠肝细胞 |
| BT-325 | 人脑多形性胶质母细胞瘤细胞 |
| BV-2 | 小鼠小脑胶质瘤细胞 |
| C127 | 小鼠乳腺癌细胞 |
| C6/36 | 白纹伊蚊细胞 |
| C6 | 大鼠神经胶质瘤细胞 |
| C8166-CD4 | 人 T 细胞性白血病细胞 |

| 细胞名称 | 中文名称 |
| --- | --- |
| Caco-2 | 人结肠腺癌细胞 |
| CAM191 | EBV-转化人淋巴细胞 |
| Caki-1 | 人肾透明细胞癌皮肤转移细胞 |
| CatL1 | 家猫肺成纤维样细胞 |
| CatL2 | 家猫肺成纤维样细胞 |
| CatS2 | 家猫皮肤成纤维样细胞 |
| CFPAC-1 | 人胰腺癌细胞 |
| CHL | 中国仓鼠肺细胞 |
| CHL | 中国仓鼠肺细胞 |
| CHL-Don | 中国仓鼠肺成纤维样细胞 |
| CHO | 中国仓鼠卵巢细胞 |
| CHO/dhfr- | 中国仓鼠卵巢细胞,二氢叶酸还原酶缺陷 |
| CHO-K1 | 中国仓鼠卵巢细胞亚株 |
| COS-1 | 非洲绿猴 SV40 转化的肾细胞 |
| COS-7 | 非洲绿猴 SV40 转化的肾细胞 |
| CWbRL | 刺毛鼠肺成纤维样细胞 |
| CWbRS | 刺毛鼠皮肤成纤维样细胞 |
| CWBRS | 社鼠皮肤成纤维样细胞 |
| Dami | 人巨核细胞白血病细胞 |
| DCE | 鸡胚细胞 |
| DogL1 | 狗肺成纤维样细胞 |
| DQSHS1 | 迪庆绵羊皮肤成纤维样细胞 |
| DtTRS1 | 褐腹鼠皮肤成纤维样细胞 |
| DU145 | 人前列腺癌细胞 |
| F81 | 猫肾细胞 |
| GHR2 | 金黄地鼠肋骨来源细胞 |
| GHS1 | 金黄地鼠皮肤成纤维细胞 |
| GLC-15 | 人肺腺癌细胞 |

| 细胞名称 | 中文名称 |
| --- | --- |
| GLC-82 | 人肺腺癌细胞 |
| GPH4 | 豚鼠心肌来源细胞 |
| GPL1 | 豚鼠肺成纤维样细胞 |
| GPS5 | 豚鼠皮肤成纤维样细胞 |
| H2EL | 人胚胎肺成纤维细胞（女） |
| H-4-II-E | 大鼠肝细胞瘤细胞 |
| HeLa | 人宫颈癌细胞 |
| Hep 3B2. 1-7 | 人肝癌细胞 |
| Hep G2 | 人肝癌细胞 |
| IEC-6 | 大鼠小肠引窝上皮细胞 |
| KG-1 | 人髓性红白血病细胞 |
| L1210 | 小鼠白血病细胞 |
| L929 | 小鼠结缔组织成纤维细胞 |
| LLC | 小鼠肺癌细胞 |
| LTK- | 小鼠缺胸腺激酶 L 细胞 |
| MAO | EBV-转化人淋巴细胞 |
| MA104 | 罗猴肾细胞 |
| Marc145 | 猴胚胎肾上皮细胞 |
| MDBK | 瘤牛肾细胞 |
| MDCK | 狗肾细胞 |
| MEL | 小鼠红白血病细胞 |
| MFC | 小鼠胃癌细胞 |
| MG-63 | 人骨肉瘤细胞 |
| MLA144 | MLA144 长臂猿淋巴瘤细胞 |
| MMQ | 小鼠垂体瘤细胞 |
| MouseM | 小鼠肌肉细胞 |
| MouseS | 小鼠皮肤成纤维样细胞 |
| MRC-5 | 人胚肺细胞 |

| 细胞名称 | 中文名称 |
| --- | --- |
| MT-4 | 人急性淋巴母细胞白血病细胞 |
| Mv 1 lu | 貂肺上皮细胞 |
| NCI-H157 | 人非小细胞肺腺癌细胞 |
| NCI-H209 | 人小细胞肺癌细胞 |
| NRK | 大鼠肾细胞 |
| NRL1 | 黑化大家鼠肺成纤维样细胞 |
| OK | 负鼠肾细胞 |
| Oregon vole | 俄勒冈地鼠 |
| OS-RC-2 | 人肾癌细胞 |
| P19 | 小鼠畸胎瘤细胞 |
| P388D1 | 小鼠淋巴样瘤细胞 |
| P815 | 小鼠肥大细胞瘤细胞 |
| PK-15 | 猪肾细胞 |
| Pt-K1 | 袋鼠肾细胞 |
| Pt-K2 | 袋鼠肾细胞 |
| RabbitK3 | 兔肾上皮样细胞 |
| RabbitS1 | 家兔皮肤成纤维样细胞 |
| REM | 大鼠胚胎肌肉成纤维样细胞 |
| RES | 大鼠胚胎皮肤成纤维样细胞 |
| RF/6A 135 | 猴脉络膜-视网膜(内皮)细胞 |
| RH-35 | 大鼠肝癌细胞 |
| RL1 | 大鼠肺成纤维样细胞 |
| RM1 | 大鼠肌肉来源细胞 |
| RS1 | 大鼠皮肤来源成纤维样细胞 |
| S2 | 果蝇胚胎细胞 |
| SF9 | 晚秋粒虫卵巢细胞 |
| SF21 | 晚秋粒虫卵巢细胞 |
| SheepL1 | 绵羊肺成纤维样细胞 |

| 细胞名称 | 中文名称 |
| --- | --- |
| SH-SY5Y | 人神经母细胞瘤细胞 |
| SP2/0 | 小鼠骨髓瘤细胞 |
| USMC | 大鼠血管平滑肌细胞 |
| V79 | 中国仓鼠肺细胞 |
| VERO | 非洲绿猴肾细胞 |
| VERO-K | 非洲绿猴肾细胞 |
| WGHL1 | 白化金黄地鼠肺成纤维样细胞 |
| WI-38 | 人胚肺细胞 |
| WML2 | 小白鼠肺成纤维样细胞 |
| WTRL1 | 大白鼠肺成纤维样细胞 |
| YAC-1 | 小鼠淋巴瘤细胞 |
| YCRL1 | 黄胸鼠肺成纤维样细胞 |

## 二、细胞培养常用术语

（1）ATCC（American Type Culture Collection）：美国菌种保藏中心，可译作美国模式培养物收集中心。该中心大量收集细菌、病毒及细胞株。

（2）成纤维细胞样细胞（Fibroblast-like cells）：与成纤维细胞在形态上或外观上相似的细胞称之为成纤维样细胞。一般说来，须具备典型的成纤维细胞特有特征的细胞，才可以认定为成纤维细胞。如在光学显微镜下，成纤维细胞往往呈尖形及细长形；细胞成片生长但接触疏松；与上皮细胞相比，某些类型的成纤维细胞核质比值相对较低，某些情况下培养细胞的组织来源和功能明确等。但实际上有许多情况与典型的成纤维细胞相差甚远，至少会有一定偏差，所以在使用"成纤维细胞"这个术语时，一定要尽量报告该细胞所具有的各种参数。在这些参数未弄清前，最好还是使用"成纤维细胞样细胞"或"类成纤维细胞"（Fibroblastic cells）最为确切。

（3）传代（Passage）：细胞生长繁殖一定时间和达到一定密度后，需将细胞从一个培养器皿转移或移植到另一个培养器皿即称为传代或传代培养，也称再培养。

（4）传代数或代数（Passage number）：细胞在培养中传代的次数。描述该过程时，应说明细胞的比例或稀释度，以此查明相对培养年龄（Relative culture age）。

（5）单层培养（Monolayer culture）：培养细胞在底物上长成单层。

（6）二倍体（Diploid）：除性染色体外，所有的染色体均成双配对并与其原物种染色体结构相同的培养细胞，可称为二倍体细胞。

（7）非整倍体（Aneuploid）：细胞核内染色体数为单倍染色体数的非整倍数时称为非整倍体，此时某一个或数个染色体数可多于或少于其余的染色体数目，可能有或无染色体的重排。

（8）分裂间期（Interkinesis）：在第一次和第二次成熟分裂之间可能发生的短暂的"休止阶段"，与有丝分裂相比，在减数分裂间期染色体不能复制。

（9）干细胞（Stem cell）：指具有自我更新、高度增殖和多项分化潜能的细胞群体，是动物有机体和各种组织器官的起源细胞。干细胞一般分为胚胎干细胞（Embryonic stem cell，ES）和成体干细胞（Adult stem cell，AS）两大类。干细胞工程是在细胞培养技术的基础上发展起来的一项新的细胞工程。它是利用干细胞的增殖特性，多分化潜能及其增殖分化的高度有序性，通过体外培养干细胞、诱导干细胞定向分化或利用转基因技术处理干细胞以改变其特性的方法，以达到利用干细胞为人类服务的目的。

(10) 合成培养基（Chemically defined medium）：是一种各种成分的化学结构均明确的用于培养细胞的营养液。由于即使最纯的化合物也可能有些杂质，所以，应当采用具备分析数据的高质量的化学药品来配制。如果有可能，还应当附有对杂质的分析数据。

(11) 合胞体（Syncytium）：细胞融合产生的巨大的多核细胞。

(12) 汇合（Confluent）：贴壁生长的细胞在培养器皿中生长达到一定数量时，细胞彼此连接成层，长满器皿底壁。

(13) 活力（Viability）：在细胞培养中指细胞具有生长和代谢的能力，经常以活细胞数占总细胞数的百分比来表示。

(14) 减数分裂（Meiosis）：能进行有性生殖的生物在成熟的生殖细胞中的一种核分裂。染色体在生殖母细胞两次连续的细胞分裂过程中只复制一次，因此，形成的四个子细胞中的染色体数目减少到原来细胞的一半。

(15) 接种率（集落形成率，Plating efficiency）：细胞接种到培养器皿内所形成的集落（colony）百分率。该术语用以表明细胞形成纯系的百分率。接种细胞的总数、培养瓶的种类以及环境条件（培养基、温度、密闭系统还是开放系统等）均须说明。如果能肯定每个集落均起源于单个细胞，则可使用另一专业术语克隆形成率（Cloning efficiency）。此词经常不恰当地当做贴壁率（Seeding efficiency）。

（16）克隆（Clone）：亦称无性繁殖系或简称无性系。对细胞来说，克隆是指由同一个祖先细胞通过有丝分裂产生的遗传性状一致的细胞群。

（17）克隆形成率（Cloning efficiency）：细胞接种到培养器皿内形成的克隆数与接种的细胞数所构成的百分率。

（18）器官发生（Organogenesis）：从不相联系的细胞到显示有自然的器官形成和功能的结构演化过程。

（19）器官培养（Organ culture）：是将活体中器官或一部分器官取出，在体外生长、生存，并使其保持器官原有的结构和功能特征的培养。其特点是：培养的器官在合适的条件下能生长和分化，存活数周或 1 年。

（20）群体倍增时间（Population doubling time）：在对数生长期（Logarithmic phase of gowth）进行计算的细胞增加一倍所需要的时间。例如在此期间细胞由 $1.0 \times 10^6$ 个增加到 $2.0 \times 10^6$ 个细胞。平均群体倍增时间可以通过计算培养结束或收集培养物的细胞数与接种时的细胞数的比值推算而得。该术语与细胞一代时间非同义词。

（21）群体密度（Population density）：培养器皿内，每单位面积或体积中的细胞数。

（22）上皮细胞样细胞（Epithelial-like cells）：与上皮细胞在形态上或外观上相似的细胞称之为上皮样细胞。一般说来，须具备典型的上皮细胞特有特征的细胞，才可以认定为上皮细胞。如在光学显微镜下，上皮细胞往往呈立方形；细胞成片状生长，接触紧密；与成纤维细胞相比，某些类型的上皮细胞核质比值相对较高，某些情况下培养细胞的组织来源和功能明确等。但实际上有许多情况与典型的上皮细胞相差甚远，至少会有一定偏差，所以，在使用"上皮细胞"这个术语时，一定要尽量报告该细胞所具有的各种参数。在这些参数未弄清前，最好还是使用"上皮细胞样细胞"或"类上皮细胞"（Epithelioid cells）最为确切。

（23）生物反应器（Bioreactor）：大规模培养细胞的培养容器，培养的细胞可锚定在基质上或悬浮生长。

（24）生长的密度依赖性抑制（Dendity-dependent inhibition of growth）：和细胞密度增加有关的有丝分裂的抑制。

（25）生长曲线（Growth curve）：以正在生长繁殖的培养物中细胞的数目或生物量为时间的函数所绘制的曲线。

（26）衰老（Senscence）：在细胞培养中指细胞群体倍增到一定的次数后即失去了再增殖的能力。

（27）饲养层（Feeder layer）：又称饲养细胞。是在细胞培养中使用的一层具有饲养其它细胞作用的细胞，在其表面可培养那些需要复杂营养的细胞。常用的有成纤维细胞、巨噬细胞等。

（28）贴壁率（Attachment efficency）：在一定时间内接种细胞贴附于培养器皿表面的百分率。应当说明在测定贴壁率时的培养条件。

（29）贴壁（锚着、附着）依赖性细胞或培养物（Anchorage-dependent cells or cultures）：由它们繁衍出来的细胞或培养物只有贴附于不起化学作用的物体（如玻璃或塑料等无活性物体）的表面时才能生长、生存或维持功能。该术语并不表明它们是否属于正常或属恶性转化。

（30）同核体（Homokaryon）：在一共同的胞质中含有两个或更多遗传上相同的核的细胞。常通过细胞融合获得。

（31）外植块（移植块，Explant）：取自原生长部位并移植到人工培养基中生长和存活的组织。

（32）外植块培养（Explant culture）：在培养条件下使外植块存活和生长。

（33）无菌（Asepsis）：无真菌、细菌、支原体或其它微生物存在。

（34）无菌技术（Aseptic technique）：采用化学或物理手段防止微生物污染的技术。在组织细胞培养中还意味着防止有害物质污染及其它细胞的交叉污染。

（35）无限增殖（永久性，不死性，Immortalization）：一般用于从有限增殖的细胞转化为能无限增殖的细胞系（株）。

（36）细胞凋亡（Apoptosis）：是指细胞内死亡程序的启动而导致细胞自杀的过程，因此常称为程序性细胞死亡。细胞凋亡的主要形态特征为细胞皱缩、染色质聚集与周边化，以及凋亡小体的形成。

（37）细胞工程（Cell engineering）：是指在细胞水平上的遗传操作，即通过细胞融合、核质移植、染色体或基因移植以及组织和细胞培养等方法，快速繁殖和培养出人们所需要的新物种的技术。细胞工程的优势在于避免了分离、提纯、剪切、拼接等基因操作，只需将细胞遗传物质直接转移到受体细胞中就能够形成杂交细胞，因而能够提高基因的转移效率。此外，细胞工程不仅可以在植物与植物之间、动物与动物之间、微生物与微生物之间进行杂交，甚至可以在动物与植物与微生物之间进行融合，形成前所未有的杂交物种。

（38）细胞培养（Cell culture）：是指用机械或化学的方法将组织分散成单个细胞后，选用最佳生存条件对活细胞进

**动物细胞培养技术**

行培养和研究的技术。培养方式分两种：一种是群体培养（Mass culture），即将大量细胞置于培养瓶中，让其贴壁或悬浮生长，形成均匀的单细胞层或单细胞悬液；另一种是克隆培养（Clone culture），即将少数的细胞加入培养瓶中，贴壁后彼此间隔距离较远，经过繁殖每一个细胞形成一个集落，称为克隆。细胞培养可建细胞系和细胞株。

（39）细胞融合（Cell fusion）：又称细胞杂交（Cell hybridization），是指用人工方法使两种或两种以上的体细胞合并形成一个细胞，不经过有性生殖过程而得到杂种细胞的方法。在自然情况下，体内或体外培养细胞间所发生的融合，称为自然融合。在体外用人工方法（使用融合诱导因子）促使相同或不同的细胞间发生融合，称为人工诱导融合。可用聚乙二醇（PEG）或仙台病毒诱发。

（40）细胞系（Cell line）：原代培养物经首次传代成功后即成细胞系。由原先存在于原代培养物中的细胞世系所组成。如果不能继续传代或传代数有限，称为有限细胞系（Finite cell line）；如果可以连续传代，则称为连续细胞系（Continuous cell line），即"已建成的细胞系"（Established cell line）。已建成的细胞系一词现已不主张采用。发表论文描述任何新的细胞系时，均需详尽说明该细胞系的特征及培养经过。论文中涉及的培养物，若已发表过，则需注明最初发表的文献。从其它实验室取得的细胞系，必须维持该细胞系的原名。在培养过程中，如发现培养物的特性与原培养物的有差异，则应在适当刊物上予以报道。

（41）细胞一代时间（Cell generation time）：单个细胞连续两次分裂的间隔时间。目前，这一时间可借助于显微电影照相术来精确测定。该术语与群体倍增时间（Population doubling time）并不同义。

（42）细胞杂交（Cell hybridization）：两个或多个不同的细胞融合导致形成合核体。

（43）细胞周期（Cell cycle）：指细胞从前一次分裂结束开始至本次分裂结束所经历的时相过程。常分为 4 个期，即 DNA 合成期（S 期）、有丝分裂期（M 期）、有丝分裂完成至 DNA 合成开始的间隙期（G1 期）以及 DNA 复制结束至有丝分裂开始的间隙期（G2 期）。

（44）细胞株（Cell strain）：通过选择法或克隆形成法从原代培养物或细胞系中获得的具有特殊性质或标志的培养物称为细胞株。细胞株的特殊性质或标志必须在整个培养期间始终存在。描述一个细胞株时必须说明它的特殊性质或标志。如果不能继续传代或传代数有限，可称为有限细胞株（Finite cell strain）；如果可以继续传代，则可称为连续细胞株（Continuous cell strain）。发表论文描述任何新的细胞株时，均需详尽说明该细胞株的特征及培养经过。论文中涉及的细胞株，若已发表过，则需注明最初发表的文献。从其它实验室取得的细胞株，必须维持该细胞株的原名。在培养过程中，如发现培养物的特性与原培养物有差异，则应在适当刊物上予以报道。

（45）悬浮培养（Suspension culture）：细胞或细胞聚集体悬浮于液体培养基中增殖的一种培养方式。

（46）亚株（Substrain）：一个亚株是由某细胞株中分离出的单个细胞或群体细胞所衍生而成的。这种单个细胞或群体细胞具有的特征和标记不是亲本细胞株中所有细胞都具有的。

（47）异核体（Heterokaryon）：在一共同的细胞质中，

含有两个或更多的遗传上不同的核的细胞，通常由细胞间的融合所产生。

（48）原代培养（Primary culture）：从直接取自生物体细胞、组织或器官开始的培养。首次成功的传代培养之前的培养可以认为是原代培养。

（49）有丝分裂（Karyokinesis）：专指与细胞质分裂不同的核分裂。经过核分裂，真核细胞染色体中所含的遗传信息就被分配到子核中去，在遗传上子核与母核是相同的。

（50）有丝分裂周期（Mitotic cycle）：在真核细胞将遗传物质等量的分配到子细胞前的一系列步骤的顺序期。

（51）运动的接触抑制（Contact inhibition of locomotion）：某些细胞所特有的现象，即当两个细胞相遇时，其运动性能减弱，一个细胞在另一个细胞表面上的向前性运动被终止。

（52）杂交瘤（Hybridoma）：由产生抗体的肿瘤细胞（骨髓瘤）与抗原刺激的正常浆细胞融合而形成的细胞。这种细胞产生的抗体称为单克隆抗体。

（53）杂种细胞（Hybrid cell）：两个不同的细胞融合而形成的单核细胞。

（54）自分泌细胞（Autocrine cell）：动物体内的一种细胞，它产生激素、生长因子或其它信号物质，而本身又表达有其相应的受体。

（55）脂质体（Liposome）：一种常用的细胞转染试剂，用该试剂包裹 DNA 可形成脂质体-DNA 复合物，再通过与细胞膜融合可使 DNA 转染入哺乳动物细胞。

（56）组织培养（Tissue culture）：是指把活体的组织取出分成小块，直接置于培养瓶底或通过胶原纤维血浆支持物

附录

的培养瓶底来进行培养。其特点是：组织不失散，细胞保持原有的组织关系。培养的结果是细胞从组织块周围长出，形成生长晕（cut groth）或形成由扁平细胞构成的单层细胞培养物。

（57）转化（Transformation）：细胞表型的永久性改变，推测是通过基因不可逆改变发生的。可以是自发的，或是由于化学物质或病毒诱导而发生。转化的细胞一般生长速度加快、永生化、低血清需求和贴壁效率升高。

（58）转染（Transfection）：将另一细胞的某个基因（群）转移到培养细胞的核内。

## 三、细胞培养常用缩写词

| 英文缩写 | 英文全称 | 中文名称 |
|---|---|---|
| AEM | Analytical electron microscope | 分析电镜 |
| BCA | Bicinchoninine acid | 二喹啉甲酸 |
| BSA | Bovine serum albumin | 牛血清白蛋白 |
| CDR | Complementary determining region | 互补性决定区 |
| CE | Cloning efficiency | 克隆效率 |
| CEE | Chick embryo extract | 鸡胚提取液 |
| CFA | Complete Freund's adjuvant | 弗氏完全佐剂 |
| CFU | Clony forming unit | 集落形成单位 |
| DAB | Diaminobenzidine | 二氨基联苯胺 |
| ddH$_2$O | Double distillate water | 双蒸水 |
| DMEM | Dulbecco's modified eagle's medium | DMEM 培养基 |
| DMSO | Dimethyl sulfoxide | 二甲基亚砜 |
| DNA | Deoxyribonucleoside acid | 脱氧核糖核酸 |

237

| 英文缩写 | 英文全称 | 中文名称 |
|---|---|---|
| dNTP | Deoxyribonucleoside triphosphate | 脱氧核糖三磷酸 |
| EDTA | Ethylenediaminetetraacetic acid | 乙二胺四乙酸 |
| EGF | Epithelial growth factor | 上皮生长因子 |
| ELISA | Enzyme linked immunosorbant assay | 酶联免疫吸附测定 |
| EPO | Erythropoietin | 促红细胞生成素 |
| FBS | Fetal bovine serum | 胎牛血清 |
| FCM | Flow cytometry | 流式细胞仪 |
| FCS | Fetal calf serum | 胎牛血清 |
| h | Hour | 小时 |
| HAT | Hypoxanthine aminopterin and thymidine | 次黄嘌呤氨基蝶呤和胸腺嘧啶脱氧核苷 |
| H. E. | Hematoxylin and eosin | 苏木苏-伊红 |
| HEPES | 4-（2-Hydroxyethyl）-1-piperazineethanesulfonic acid | 4-羟乙基哌嗪乙磺酸 |
| HGPRT | Hypoxanthine guanine phosphoribosyltransferase | 次黄嘌呤鸟嘌呤磷酸核糖转移酶 |
| HRP | Horseradish peroxidase | 辣根过氧化物酶 |
| HS | Horse serum | 马血清 |
| IFA | Incompleted Freund's adjuvant | 弗氏不完全佐剂 |
| IL | Interleukin | 白介素 |
| IMDM | Iscove's modified Dulbecco's mediun | IMDM 培养基 |
| McAb | Monoclonal antibody | 单克隆抗体 |
| MEM | Minimum essential mediun | 极限必需培养基 |
| Min | Minute | 分钟 |
| mL | Milliliter | 毫升 |
| mM | mmol/L | 毫摩尔每升 |
| OD | Optical density | 光密度 |
| PBS | Phosphate-buffered saline | 磷酸缓冲液 |

| 英文缩写 | 英文全称 | 中文名称 |
|---|---|---|
| PCR | Polymerasr chain reaction | 聚合酶链式反应 |
| PE | Plating efficieucy | 贴壁率 |
| PEG | Polyethylene glycol | 聚乙二醇 |
| pH | pH value | pH 值 |
| r/min | Revolutions per minute | 转每分钟 |
| RPMI1640 | Roosevelt Park Memorial Institute Medium | RPMI1640 培养基 |
| SCF | Stem cell factor | 干细胞因子 |
| SCGF | Stem cell growth factor | 干细胞生长因子 |
| SD | Saturation density | 饱和密度 |
| SEM | Scanning electron microscope | 扫描隧道显微镜 |
| SFM | Serum free medium | 无血清培养基 |
| TE | Tris-HCl,EDTA | TE 缓冲液 |
| TEM | Transmission electron microscope | 透射电子显微镜 |
| TK | Thymidine kinase | 胸腺嘧啶脱氧核苷激酶 |
| $\mu$g | Microgram | 微克 |
| UV | Ultraviolet | 紫外线 |
| $\mu$L | Microlitre | 微升 |
| VEGF | Vascular endothelial growth factor | 血管内皮生长因子 |

# 四、常用培养基成分和配方

## RPMI 1640 细胞培养基　　　　单位：mg/L

| 成分 | MD800 | MD801 | MD802 | MD803 |
|---|---|---|---|---|
| 四水硝酸钙 | 100 | 100 | 100 | 100 |
| 氯化钾 | 400 | 400 | 400 | 400 |
| 无水硫酸镁 | 48.84 | 48.84 | 48.84 | 48.84 |

| 成分 | MD800 | MD801 | MD802 | MD803 |
|---|---|---|---|---|
| 氯化钠 | 6000 | 6000 | 6000 | 5850 |
| 磷酸氢二钠 | 800 | 800 | — | 800 |
| L-精氨酸 | 200 | 200 | 200 | 200 |
| L-天冬酰胺 | 50 | 50 | 50 | 50 |
| L-天冬氨酸 | 20 | 20 | 20 | 20 |
| L-胱氨酸盐酸盐 | 65.15 | 65.15 | 65.15 | 65.15 |
| L-谷氨酸 | 20 | 20 | 20 | 20 |
| L-谷氨酰胺 | 300 | 300 | 300 | 300 |
| 甘氨酸 | 10 | 10 | 10 | 10 |
| L-组氨酸 | 15 | 15 | 15 | 15 |
| L-羟脯氨酸 | 20 | 20 | 20 | 20 |
| L-异亮氨酸 | 50 | 50 | 50 | 50 |
| L-亮氨酸 | 50 | 50 | 50 | 50 |
| L-赖氨酸盐酸盐 | 40 | 40 | 40 | 40 |
| L-蛋氨酸 | 15 | 15 | 15 | 15 |
| L-苯丙氨酸 | 15 | 15 | 15 | 15 |
| L-脯氨酸 | 20 | 20 | 20 | 20 |
| L-丝氨酸 | 30 | 30 | 30 | 30 |
| L-苏氨酸 | 20 | 20 | 20 | 20 |
| L-色氨酸 | 5 | 5 | 5 | 5 |
| L-酪氨酸 | 20 | 20 | 20 | 20 |
| L-缬氨酸 | 20 | 20 | 20 | 20 |
| D-葡萄糖 | 2000 | 2000 | 2000 | 2000 |
| 谷胱甘肽(还原型) | 1 | 1 | 1 | 1 |
| HEPES | — | — | — | 5957.5 |
| 酚红 | 5 | — | — | 5 |
| 维生素 H | 0.2 | 0.2 | 0.2 | 0.2 |

| 成分 | MD800 | MD801 | MD802 | MD803 |
|---|---|---|---|---|
| D-泛酸钙 | 0.25 | 0.25 | 0.25 | 0.25 |
| 氯化胆碱 | 3 | 3 | 3 | 3 |
| 叶酸 | 1 | 1 | 1 | 1 |
| i-肌醇 | 35 | 35 | 35 | 35 |
| 烟酰胺 | 1 | 1 | 1 | 1 |
| 对氨基苯甲酸 | 1 | 1 | 1 | 1 |
| 盐酸吡哆醇 | 1 | 1 | 1 | 1 |
| 核黄素 | 0.2 | 0.2 | 0.2 | 0.2 |
| 盐酸硫胺 | 1 | 1 | 1 | 1 |
| 维生素 $B_{12}$ | 0.005 | 0.005 | 0.005 | 0.005 |
| pH(无碳酸氢钠) | 7.5±0.3 | 7.5±0.3 | 8.0±0.3 | 6.7±0.3 |
| pH(加碳酸氢钠) | 7.8±0.3 | 7.8±0.3 | 8.2±0.3 | 7.0±0.3 |
| 渗透压(无碳酸氢钠) | (237±5)% | (235±5)% | (235±5)% | (260±5)% |
| 渗透压(加碳酸氢钠) | (279±5)% | (280±5)% | (280±5)% | (292±5)% |

注：以上数据仅为参考，以产品说明书为准。

### MEM 细胞培养基　　　　单位：mg/L

| 成分 | MD600 | MD601 | MD602 | MD603 | MD604 | MD605 | MD606 | MD607 | MD608 |
|---|---|---|---|---|---|---|---|---|---|
| 氯化钙 | 200 | 140 | — | 200 | 140 | 200 | — | 200 | 200 |
| 氯化钾 | 400 | 400 | 400 | 400 | 400 | 400 | 400 | 400 | 400 |
| 无水硫酸镁 | 97.67 | 97.67 | 97.67 | 97.67 | 97.67 | 97.67 | 97.67 | 97.67 | 97.67 |
| 磷酸二氢钾 | — | 60 | — | 60 | | | | | |
| 氯化钠 | 6800 | 8000 | 6800 | 6800 | 8000 | 6800 | 6800 | 6800 | 6800 |
| 无水磷酸二氢钠 | 121.74 | — | 121.74 | 121.74 | — | 121.74 | 121.74 | 121.74 | — |
| 磷酸氢二钠 | — | 47.88 | — | — | 47.88 | — | — | — | — |

| 成分 | MD600 | MD601 | MD602 | MD603 | MD604 | MD605 | MD606 | MD607 | MD608 |
|---|---|---|---|---|---|---|---|---|---|
| L-丙氨酸 | — | — | — | 8.9 | 8.9 | — | — | — | — |
| L-精氨酸盐酸盐 | 126 | 126 | 126 | 126 | 126 | 126 | 126 | 126 | 126 |
| L-天门冬酰胺 | — | — | — | 13.2 | 13.2 | — | — | — | — |
| L-天门冬氨酸 | — | — | — | 13.2 | 13.2 | — | — | — | — |
| L-胱氨酸盐酸盐 | 31.29 | 31.29 | 31.29 | 31.29 | 31.29 | 31 | 31 | 31.29 | 31.29 |
| L-谷氨酸 | — | — | — | 14.7 | 14.7 | — | — | — | — |
| L-谷氨酰胺 | 292 | 292 | 292 | 292 | 292 | — | — | 292 | 292 |
| 甘氨酸 | — | — | — | 7.5 | 7.5 | — | — | — | — |
| L-组氨酸盐酸盐 | 42 | 42 | 42 | 42 | 42 | 42 | 42 | 42 | 42 |
| L-异亮氨酸 | 52 | 52 | 52 | 52 | 52 | 52 | 52 | 52 | 52 |
| L-亮氨酸 | 52 | 52 | 52 | 52 | 52 | 52 | 52 | — | 52 |
| L-赖氨酸盐酸盐 | 72.5 | 72.5 | 72.5 | 72.5 | 72.5 | 72.5 | 72.5 | — | 72.5 |
| L-蛋氨酸 | 15 | 15 | 15 | 15 | 15 | 15 | 15 | — | 15 |
| L-苯丙氨酸 | 32 | 32 | 32 | 32 | 32 | 32 | 32 | 32 | 32 |
| L-脯氨酸 | — | — | — | 11.5 | 11.5 | — | — | — | — |
| L-丝氨酸 | — | — | — | 10.5 | 10.5 | — | — | — | — |
| L-苏氨酸 | 48 | 48 | 48 | 48 | 48 | 48 | 48 | 48 | 48 |
| L-色氨酸 | 10 | 10 | 10 | 10 | 10 | 10 | 10 | 10 | 10 |
| L-酪氨酸 | 36 | 36 | 36 | 36 | 36 | 36 | 36 | 36 | 36 |
| L-缬氨酸 | 46 | 46 | 46 | 46 | 46 | 46 | 46 | 46 | 46 |
| D-葡萄糖 | 1000 | 1000 | 1000 | 1000 | 1000 | 1000 | 1000 | 1000 | 1000 |
| 酚红 | 10 | 10 | 10 | 10 | 10 | 6 | 6 | 10 | 10 |
| 丁二酸钠 | — | — | — | — | — | 100 | 100 | — | — |
| 丁二酸 | — | — | — | — | — | 75 | 75 | — | — |

续表

| 成分 | MD600 | MD601 | MD602 | MD603 | MD604 | MD605 | MD606 | MD607 | MD608 |
|---|---|---|---|---|---|---|---|---|---|
| D-泛酸钙 | 1 | 1 | 1 | 1 | 1 | 1 | 1 | 1 | 1 |
| 重酒石酸胆碱 | — | — | — | — | — | 1.8 | 1.8 | — | — |
| 氯化胆碱 | 1 | 1 | 1 | 1 | — | — | — | 1 | 1 |
| 叶酸 | 1 | 1 | 1 | 1 | 1 | 1 | 1 | 1 | 1 |
| i-肌醇 | 2 | 2 | 2 | 2 | 2 | 2 | 2 | 2 | 2 |
| 烟酰胺 | 1 | 1 | 1 | 1 | 1 | 1 | 1 | 1 | 1 |
| 盐酸吡哆醛 | 1 | 1 | 1 | 1 | 1 | 1 | 1 | 1 | 1 |
| 核黄素 | 0.1 | 0.1 | 0.1 | 0.1 | 0.1 | 0.1 | 0.1 | 0.1 | 0.1 |
| 盐酸硫胺 | 1 | 1 | 1 | 1 | 1 | 1 | 1 | 1 | 1 |
| pH(无碳酸氢钠) | 5.9±0.3 | 6.2±0.3 | 5.1±0.3 | 5.1±0.3 | 6.3±0.3 | 4.2±0.3 | 4.3±0.3 | 5.9±0.3 | 6.6±0.3 |
| pH(加碳酸氢钠) | 7.6±0.3 | 7.1±0.3 | 6.8±0.3 | 7.5±0.3 | 7.2±0.3 | 7.3±0.3 | 6.7±0.3 | 7.5±0.3 | 7.8±0.3 |
| 渗透压(无碳酸氢钠) | (250±5)% | (282±5)% | (265±5)% | (250±5)% | (287±5)% | (251±5)% | (267±5)% | (250±5)% | (240±5)% |
| 渗透压(加碳酸氢钠) | (295±5)% | (285±5)% | (300±5)% | (294±5)% | (300±5)% | (289±5)% | (299±5)% | (290±5)% | (281±5)% |

注：以上数据仅为参考，以产品说明书为准。

### DMEM/F12 细胞培养基    单位：mg/L

| 成分 | MD206 | MD207 | 成分 | MD206 | MD207 |
|---|---|---|---|---|---|
| 无水氯化钙 | 116.6 | 116.6 | 磷酸氢二钠 | 71.02 | 71.02 |
| 五水硫酸铜 | 0.0013 | 0.0013 | 七水硫酸锌 | 0.432 | 0.432 |
| 九水硝酸铁 | 0.05 | 0.05 | L-精氨酸盐盐 | 147.5 | 147.5 |
| 七水硫酸亚铁 | 0.417 | 0.417 | L-胱氨酸盐酸盐 | 31.29 | 31.29 |
| 氯化钾 | 311.8 | 311.8 | L-谷氨酰胺 | 365 | 365 |
| 氯化镁 | 28.64 | 28.64 | 甘氨酸 | 18.75 | 18.75 |
| 无水硫酸镁 | 48.84 | 48.84 | L-组氨酸盐酸盐 | 31.48 | 31.48 |
| 氯化钠 | 6999.5 | 6999.5 | L-异亮氨酸 | 54.47 | 54.47 |
| 无水磷酸二氢钠 | 54.35 | 54.35 | L-亮氨酸 | 59.05 | 59.05 |

| 成分 | MD206 | MD207 | 成分 | MD206 | MD207 |
|---|---|---|---|---|---|
| L-赖氨酸盐酸盐 | 91.25 | 91.25 | 1,4-丁二胺二盐酸盐 | 0.081 | 0.081 |
| L-蛋氨酸 | 17.24 | 17.24 | 丙酮酸钠 | 55 | 55 |
| L-苯丙氨酸 | 35.48 | 35.48 | 维生素 H | 0.0035 | 0.0035 |
| L-丝氨酸 | 26.25 | 26.25 | D-泛酸钙 | 2.24 | 2.24 |
| L-苏氨酸 | 53.45 | 53.45 | 氯化胆碱 | 8.98 | 8.98 |
| L-丙氨酸 | 4.45 | 4.45 | 叶酸 | 2.65 | 2.65 |
| L-天冬酰胺 | 7.5 | 7.5 | i-肌醇 | 12.6 | 12.6 |
| L-天冬氨酸 | 6.65 | 6.65 | 烟酰胺 | 2.02 | 2.02 |
| L-半胱氨酸盐酸盐 | 17.56 | 17.56 | 盐酸吡哆醛 | 2 | 2 |
| L-谷氨酸 | 7.35 | 7.35 | 盐酸吡哆醇 | 0.031 | 0.031 |
| L-脯氨酸 | 17.25 | 17.25 | 核黄素 | 0.219 | 0.219 |
| L-色氨酸 | 9.02 | 9.02 | 盐酸硫胺 | 2.17 | 2.17 |
| L-酪氨酸 | 38.4 | 38.4 | 胸苷 | 0.365 | 0.365 |
| L-缬氨酸 | 52.85 | 52.85 | 维生素 $B_{12}$ | 0.68 | 0.68 |
| D-葡萄糖 | 3151 | 3151 | pH(无碳酸氢钠) | 5.8±0.3 | 5.8±0.3 |
| HEPES | 3574.5 | - | pH(加碳酸氢钠) | 6.8±0.3 | 6.9±0.3 |
| 次黄嘌呤 | 2 | 2 | 渗透压(无碳酸氢钠) | (279±5)% | (277±5)% |
| 亚油酸 | 0.042 | 0.042 | | | |
| 硫辛酸 | 0.105 | 0.105 | 渗透压(加碳酸氢钠) | (299±5)% | (300±5)% |
| 酚红 | 8.1 | 8.1 | | | |

注：以上数据仅为参考，以产品说明书为准。

## IMDM 细胞培养基　　　　单位：mg/L

| 成分 | MD400 | 成分 | MD400 |
|---|---|---|---|
| 氯化钙 | 165 | L-丙氨酸 | 25 |
| 氯化钾 | 330 | L-精氨酸盐酸盐 | 84 |
| 硝酸钾 | 0.076 | L-天冬酰胺 | 25 |
| 无水硫酸镁 | 97.67 | L-天冬氨酸 | 30 |
| 氯化钠 | 4505 | L-胱氨酸盐酸盐 | 91.24 |
| 无水磷酸二氢钠 | 108.7 | L-谷氨酸 | 75 |
| 五水亚硒酸钠 | 0.0173 | L-谷氨酰胺 | 584 |

续表

| 成分 | MD400 | 成分 | MD400 |
|---|---|---|---|
| 甘氨酸 | 30 | 丙酮酸钠 | 110 |
| L-组氨酸盐酸盐 | 42 | 维生素 H | 0.013 |
| L-异亮氨酸 | 105 | 烟酰胺 | 4 |
| L-亮氨酸 | 105 | 盐酸吡哆醛 | 4 |
| L-赖氨酸盐酸盐 | 146 | D-泛酸钙 | 4 |
| L-蛋氨酸 | 30 | 核黄素 | 0.4 |
| L-苯丙氨酸 | 66 | 氯化胆碱 | 4 |
| L-脯氨酸 | 40 | 盐酸硫胺 | 4 |
| L-丝氨酸 | 42 | 叶酸 | 4 |
| L-苏氨酸 | 95 | i-肌醇 | 7.2 |
| L-色氨酸 | 16 | 维生素 $B_{12}$ | 0.013 |
| L-酪氨酸 | 71.5 | pH(无碳酸氢钠) | 4.9±0.3 |
| L-缬氨酸 | 94 | pH(加碳酸氢钠) | 7±0.3 |
| D-葡萄糖 | 4500 | 渗透压(无碳酸氢钠) | (225±5)% |
| 酚红 | 15 | 渗透压(加碳酸氢钠) | (276±5)% |
| HEPES | 5958 | | |

注：以上数据仅为参考，以产品说明书为准。

## BME 细胞培养基　　　单位：mg/L

| 成分 | MD100 | MD101 | MD102 | MD103 |
|---|---|---|---|---|
| 无水氯化钙 | 200 | 140 | 200 | 200 |
| 氯化钾 | 400 | 400 | 400 | 400 |
| 无水硫酸镁 | 97.67 | 97.67 | — | 97.67 |
| 磷酸二氢钾 | — | 60 | — | — |
| 氯化钠 | 6800 | 8000 | 6800 | 6800 |
| 无水氯化镁 | — | — | 93.68 | — |
| 磷酸氢二钠 | — | 47.88 | — | — |
| 无水磷酸二氢钠 | 121.74 | — | 121.74 | 121.74 |
| L-精氨酸盐酸盐 | 21 | 21 | 21 | 21 |
| L-胱氨酸盐酸盐 | 15.65 | 15.65 | 15.65 | 15.65 |

| 成分 | MD100 | MD101 | MD102 | MD103 |
|---|---|---|---|---|
| L-谷氨酰胺 | 292 | 292 | 292 | — |
| L-组氨酸盐酸盐 | 15 | 15 | 15 | 15 |
| L-异亮氨酸 | 26 | 26 | 26 | 26 |
| L-亮氨酸 | 26 | 26 | 26 | 26 |
| L-赖氨酸盐酸盐 | 36.47 | 36.47 | 36.47 | 36.47 |
| L-蛋氨酸 | 7.5 | 7.5 | 7.5 | 7.5 |
| L-苯丙氨酸 | 16.5 | 16.5 | 16.5 | 16.5 |
| L-苏氨酸 | 24 | 24 | 24 | 24 |
| L-色氨酸 | 4 | 4 | 4 | 4 |
| L-酪氨酸 | 18 | 18 | 18 | 18 |
| L-缬氨酸 | 23.5 | 23.5 | 23.5 | 23.5 |
| D-葡萄糖 | 1000 | 1000 | 1000 | 1000 |
| 酚红 | 10 | 10 | 10 | 6 |
| 丁二酸钠 | — | — | — | 100 |
| 丁二酸 | — | — | — | 75 |
| 维生素 H | 1 | 1 | 1 | 1 |
| D-泛酸钙 | 1 | 1 | 1 | 1 |
| 重酒石酸胆碱 | — | — | — | 1.8 |
| 氯化胆碱 | 1 | 1 | 1 | — |
| 叶酸 | 1 | 1 | 1 | 1 |
| i-肌醇 | 2 | 2 | 2 | 2 |
| 烟酰胺 | 1 | 1 | 1 | 1 |
| 盐酸吡哆醛 | 1 | 1 | 1 | 1 |
| 核黄素 | 0.1 | 0.1 | 0.1 | 0.1 |
| 盐酸硫胺 | 1 | 1 | 1 | 1 |
| pH(无碳酸氢钠) | $5.9\pm0.3$ | $6.8\pm0.3$ | $5.9\pm0.3$ | $4.2\pm0.3$ |
| pH(加碳酸氢钠) | $7.7\pm0.3$ | $7.4\pm0.3$ | $7.6\pm0.3$ | $7.3\pm0.3$ |
| 渗透压(无碳酸氢钠) | $(250\pm5)\%$ | $(280\pm5)\%$ | $(245\pm5)\%$ | $(243\pm5)\%$ |
| 渗透压(加碳酸氢钠) | $(300\pm5)\%$ | $(290\pm5)\%$ | $(285\pm5)\%$ | $(295\pm5)\%$ |

注：以上数据仅为参考，以产品说明书为准。

## 199 细胞培养基　　　　单位：mg/L

| 成分 | MD500 | MD501 | 成分 | MD500 | MD501 |
|---|---|---|---|---|---|
| 氯化钙 | 200.00 | 140.00 | 腺苷酸 | 0.20 | 0.20 |
| 九水硝酸铁 | 0.70 | 0.70 | 三磷酸腺苷二钠 | 1.00 | 1.00 |
| 氯化钾 | 400.00 | 400.00 | 胆固醇 | 0.20 | 0.20 |
| 无水硫酸镁 | 97.67 | 97.67 | 脱氧核糖 | 0.50 | 0.50 |
| 磷酸二氢钾 | — | 60.00 | D-葡萄糖 | 1000.00 | 1000.00 |
| 氯化钠 | 6800.00 | 8000.00 | 谷胱甘肽(还原型) | 0.05 | 0.05 |
| 无水磷酸二氢钠 | 121.74 | — | 盐酸鸟嘌呤 | 0.30 | 0.30 |
| 磷酸氢二钠 | — | 47.70 | 次黄嘌呤 | 0.30 | 0.30 |
| L-丙氨酸 | 25.00 | 25.00 | 酚红 | 20.00 | 20.00 |
| L-精氨酸盐酸盐 | 70.00 | 70.00 | D-核糖 | 0.50 | 0.50 |
| L-天门冬氨酸 | 30.00 | 30.00 | 乙酸钠 | 50.00 | 50.00 |
| L-半胱氨酸盐酸盐 | 0.11 | 0.11 | 胸腺嘧啶 | 0.30 | 0.30 |
| L-胱氨酸盐酸盐 | 26.00 | 26.00 | 吐温80 | 20.00 | 20.00 |
| L-谷氨酸 | 75.00 | 75.00 | 尿嘧啶 | 0.30 | 0.30 |
| L-谷氨酰胺 | 100.00 | 100.00 | 黄嘌呤 | 0.30 | 0.30 |
| 甘氨酸 | 50.00 | 50.00 | 维生素C | 0.05 | 0.05 |
| L-组氨酸盐酸盐 | 21.88 | 21.88 | 维生素E | 0.01 | 0.01 |
| L-羟脯氨酸 | 10.00 | 10.00 | 维生素H | 0.01 | 0.01 |
| L-异亮氨酸 | 40.00 | 40.00 | 维生素$D_2$ | 0.10 | 0.10 |
| L-亮氨酸 | 60.00 | 60.00 | D-泛酸钙 | 0.01 | 0.01 |
| L-赖氨酸盐酸盐 | 70.00 | 70.00 | 氯化胆碱 | 0.50 | 0.50 |
| L-蛋氨酸 | 15.00 | 15.00 | 叶酸 | 0.01 | 0.01 |
| L-苯丙氨酸 | 25.00 | 25.00 | i-肌醇 | 0.05 | 0.05 |
| L-脯氨酸 | 40.00 | 40.00 | 维生素$K_3$ | 0.01 | 0.01 |
| L-丝氨酸 | 25.00 | 25.00 | 烟酸 | 0.025 | 0.025 |
| L-苏氨酸 | 30.00 | 30.00 | 烟酰胺 | 0.025 | 0.025 |
| L-色氨酸 | 10.00 | 10.00 | 对氨基苯甲酸 | 0.05 | 0.05 |
| L-酪氨酸 | 40.00 | 40.00 | 盐酸吡哆醛 | 0.025 | 0.025 |
| L-缬氨酸 | 25.00 | 25.00 | 盐酸吡哆醇 | 0.025 | 0.025 |
| 硫酸腺嘌呤 | 10.00 | 10.00 | 核黄素 | 0.01 | 0.01 |

| 成分 | MD500 | MD501 | 成分 | MD500 | MD501 |
|---|---|---|---|---|---|
| 盐酸硫胺 | 0.01 | 0.01 | pH(加碳酸氢钠) | 7.3± 0.3 | 6.9± 0.3 |
| 维生素 A 醋酸酯 | 0.14 | 0.14 | 渗透压(无碳酸氢钠) | (250± 5)% | (285± 5)% |
| pH(无碳酸氢钠) | 4.2± 0.3 | 4.6± 0.3 | 渗透压(加碳酸氢钠) | (288± 5)% | (300± 5)% |

注：以上数据仅为参考，以产品说明书为准。

## 五、细胞计数（台盼蓝细胞染色计数）

### 1. 原理

正常的活细胞，胞膜结构完整，能够排斥台盼蓝，使之不能够进入胞内；而丧失活性或细胞膜不完整的细胞，胞膜的通透性增加，可被台盼蓝染成蓝色。通常认为细胞膜完整性丧失，即可认为细胞已经死亡。

### 2. 步骤

（1）4%台盼蓝母液：称取 4g 台盼蓝，加少量蒸馏水研磨，加双蒸水至 100ml，用滤纸过滤，4 度保存。使用时。用 PBS 稀释至 0.4%。

（2）胰酶消化贴壁细胞，制备单细胞悬液，并作适当稀释。

（3）染色：细胞悬液与 0.4%台盼蓝溶液以 9∶1 混合混匀。（终浓度 0.04%）

（4）计数：在 3 分钟内，分别计数活细胞和死细胞。

（5）镜下观察（附图 1），死细胞被染成明显的蓝色，而活细胞拒染呈无色透明状。

（6）统计细胞活力：活细胞率（%）＝活细胞总数/（活细胞总数＋死细胞总数）×100%。

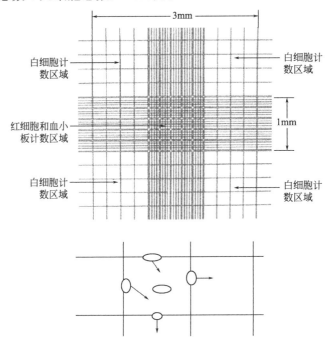

**附图1 细胞计数板镜下图示与压格细胞计数**

### 3 注意事项与说明

（1）将细胞悬液吸出少许，滴加在盖片边缘，使悬液充满盖片和计数板之间，静置3min，注意盖片下不要有气泡，也不能让悬液流入旁边槽中。

（2）计算板四大格细胞总数，压线细胞只计左侧和上方的。然后按公式计算：

细胞数/mL＝四大格细胞总数/4×10⁴

说明：公式中除以 4，因为计数了 4 个大格的细胞数。

公式中乘以 $10^4$ 因为计数板中每一个大格的体积为：

1.0mm(长)×1.0mm(宽)×0.1mm(高)＝$0.1mm^3$，而 1ml＝$1000mm^3$

（3）镜下偶见有两个以上细胞组成的细胞团，应按单个细胞计算，若细胞团 10% 以上，说明分散不好，需重新制备细胞悬液。

（4）每个大格按顺序依次计数，压格细胞记上不记下，记左不计右。

## 六、细胞生长曲线的绘制

### 1. 原理 [四唑盐（MTT）比色法]

四唑盐是一种能接受氢原子的染料，化学名 3-(4,5-二甲基噻唑-2)-2,5-二苯基四氮唑溴盐。活细胞线粒体中的琥珀酸脱氢酶能使外源性的 MTT 还原为难溶性的蓝紫色结晶物，并沉积在细胞中，死细胞无此功能。二甲基亚砜能溶解细胞中的紫色结晶物，用酶联免疫检测仪在 490nm 波长处测定其光吸收值，可间接反映活细胞数量。

细胞存活率＝试验组光吸收值/对照组光吸收值×100%

### 2. 步骤

（1）取细胞悬液（1ml）一滴，滴到细胞计数板上，进行计数。根据所计数结果将原液稀释成 $4×10^4$ 个/ml。

（2）将细胞接种到 96 孔板中，100$\mu$L/孔，最后每孔再加 100$\mu$L 培养液，补齐至 200$\mu$L（注意：接种时要将细胞悬液吹打均匀，每隔一段时间要吹打一次，以防细胞聚集沉底，保证每孔加入的细胞总数一致）。

（3）接种后，每 24h 取 3 个孔加入无菌的 MTT 液，10μL/孔（操作时避光）

（4）4h 后，将孔内的溶液全部吸出，加入 DMSO，100μL/孔，混匀，将孔内溶液移到新 96 孔板中，用酶标仪检测 570nm 处的光吸收值（OD 值）。

（5）以培养时间为横坐标，OD 值为纵坐标，绘制细胞生长曲线。

### 3. 注意事项与说明

（1）传代培养时要注意严格无菌操作，并防止细胞之间交叉污染。

（2）细胞接种浓度不能过高也不能过低，在合适的浓度下细胞在 7～10d 内能长满而不发生生长抑制；细胞数量太少，细胞适应期太长；数量太多，细胞将很快进入增殖稳定期，在一段时间内需进行传代，曲线不能确切反映细胞生长情况。同种细胞的生长曲线先后测定要采用同一接种密度，这样才能做纵向比较；不同的细胞也要接种细胞数相同，才能进行比较。

（3）细胞生长曲线是观察细胞生长基本规律的重要方法。只有具备自身稳定生长特性的细胞才适合在观察细胞生长变化的实验中应用。因而在细胞系细胞和非建系细胞生长特性观察中，生长曲线的测定是最为基本的指标。

（4）细胞生长曲线虽然最为常用，但有时其反映数值不够精确，可有 20%～30% 的误差，需结合其它指标进行分析。在生长曲线上细胞数量增加 1 倍时间称为细胞倍增时间，可以从曲线上换算出。细胞倍增的时间区间即为细胞对数生长期，细胞传代、冷冻等实验多在此区间进行。

（5）不同细胞在不同培养基内细胞生长曲线和细胞倍增时间可以直接反应细胞在该种培养基内的增殖速度，是对培养基进行选择的主要依据。通过不同培养基内细胞生长曲线的差异，筛选出对成纤维细胞和上皮细胞最适合的培养基。

（6）通过对细胞生长曲线的绘制，可比较不同的培养在对细胞生长曲线变化的影响。在条件允许下，分析培养基中添加不同的生物活性物质（如生长因子、激素等）对细胞生长的影响，从而筛选出合适的细胞培养基。

# 参 考 文 献

[1] D. L. 斯佩克特. 细胞实验指南. 黄培堂, 等译. 北京：科学出版社, 2001.

[2] R. I. 弗雷谢尼. 动物细胞培养——基本技术指南. 第5版. 章静波, 徐存拴等译. 北京：科学出版社, 2009.

[3] 安德拉斯·纳吉. 小鼠胚胎操作实验手册. 第3版. 孙青原译. 北京：化学工业出版社, 2006.

[4] 陈仁彪, 孙岳平. 细胞与分子生物学基础. 上海：上海科学技术出版社, 2003.

[5] 程宝鸾. 动物细胞培养技术. 广州：中山大学出版社, 2006.

[6] 刁勇, 徐瑞安. 细胞生物技术实验指南. 北京：化学工业出版社, 2008.

[7] 鄂征. 组织培养和分子细胞学技术. 北京：北京出版社, 1995.

[8] 焦炳华, 孙树汉. 现代生物工程. 北京：科学出版社, 2007.

[9] 兰蓉. 细胞培养. 北京：化学工业出版社, 2007.

[10] 李青旺. 动物细胞工程与实践. 北京：化学工业出版社, 2005.

[11] 刘建福, 胡位荣. 细胞工程. 武汉：华中科技大学出版社, 2014.

[12] 沈霞芬. 家畜组织学与胚胎学. 第四版. 北京：中国农业出版社, 2009.

[13] 司徒镇强. 细胞培养. 西安：世界图书出版西安公司, 2003.

[14] 谭玉珍. 实用细胞培养技术. 北京：高等教育出版社, 2010.

[15] 王捷. 动物细胞培养技术与应用. 北京：化学工业出版社, 2004.

[16] 徐永华. 动物细胞工程. 北京：化学工业出版社, 2003.

[17] 薛庆善. 体外培养的原理和技术. 北京：科学出版社, 2001.

[18] 章静波. 组织和细胞培养技术. 北京：人民卫生出版社, 2002.

[19] 张卓然. 培养细胞学与细胞培养技术. 上海：上海科学技术出版社, 2004.

[20] 周珍辉. 动物细胞培养技术. 北京：中国环境科学出版社, 2006.

[21] 陈思凡, 李文学, 陈建玲, 等. 大鼠骨骼肌卫星细胞的原代培养和鉴定. 热带医学杂志, 2011, 11 (04): 395-397.

[22] 高建伟, 鲁承, 贾文影, 等. Vero细胞体外培养条件的优化. 安徽农业科学, 2012, 40 (19): 10139-10141.

[23] 宫平, 刘凤华. 奶牛乳腺上皮细胞的原代培养. 北京农学院学报, 2017, 32 (01): 48-50.

[24] 谷瑞增, 刘艳, 林峰, 等. 蛋白水解物在动物细胞培养中的应用研究进展. 生物技术通报, 2012 (9): 21-27.

**动物细胞培养技术**

[25] 侯士方, 孟馨, 相泓冰, 等. 大鼠骨骼肌细胞的原代培养及鉴定. 实验室研究与探索, 2011, 30 (04): 26-28.

[26] 贾芳, 申进军. 鸡胚成纤维细胞的制备、维持和传代. 养禽与禽病防治, 2012, 11: 10-11.

[27] 胡沈荣, 蓝贤勇, 陈宏, 等. 影响细胞体外培养的因素及无菌环境防控策略. 实验技术与管理, 2012, 29 (11): 54-58.

[28] 李盟军, 袁征, 刘剑, 等. 影响细胞培养实验室紫外线消毒效果的因素及对策. 生物技术通讯, 2010, 21 (03): 453-455.

[29] 李颖健. 细胞培养污染的途径、危害及预防措施. 肾脏病与透析肾移植杂志, 1999, 8 (3): 45-249.

[30] 刘芳宁, 张彦明. 哺乳动物肠上皮细胞的原代培养. 动物医学进展, 2007 (04): 53-57.

[31] 刘永清, 孙浩. 鸡胚成纤维细胞原代培养与纯化的初探. 国外畜牧学 (猪与禽), 2008 (01): 72-74.

[32] 马玉龙, 许梓荣, 郭彤, 等. 鸡肠上皮细胞的分离及原代培养方法. 中国兽医学报, 2007 (01): 74-76.

[33] 商瑜, 张启明, 李悦, 等. 动物细胞无血清培养基的发展和应用. 陕西师范大学学报 (自然科学版), 2015, 43 (04): 68-72.

[34] 邵素霞. 大鼠骨骼肌卫星细胞的原代培养及其移植治疗心梗实验研究. 河北医科大学, 2004.

[35] 唐莹, 冯君. 动物细胞培养基的发展及应用. 中国临床康复, 2006, 10 (41): 146-148.

[36] 唐宇, 徐文姬, 郭皖北, 等. 人正常上皮细胞的原代培养. 中南大学学报 (医学版), 2017, 42 (11): 1327-1333.

[37] 田伟, 冯玉萍, 李明生, 等. 水解乳蛋白的制备及在细胞培养中的初步应用. 天然产物研究与开发, 2014, 26 (01): 100-104.

[38] 王邦茂, 陈鑫, 张文治, 等. 成年大鼠骨骼肌卫星细胞原代培养及鉴定. 天津医科大学学报, 2002 (04): 463-465.

[39] 王静, 张彦明, 周宏超. 猪小肠黏膜上皮细胞原代培养. 动物医学进展, 2009, 30 (08): 46-49.

[40] 王立新, 杨朝霞. 动物细胞培养及应用. 黄牛杂志, 2000, 26 (3): 45-48.

[41] 王芹, 李进, 张恒, 等. IRM-2 小鼠胚胎成纤维细胞的原代培养和生物学特

性. 苏州大学学报（医学版），2010，30（1）：1-3.

[42] 王兴洪. 浅谈生物工程中的培养基. 生物学教学，2011，36（3）：67-68.

[43] 王雪云，刘芳，蒋大伟，等. 鸡肠上皮细胞原代培养与鉴定. 黑龙江畜牧兽医，
2015（21）：10-12.

[44] 危小焰，史仍飞，张平. 幼龄大鼠骨骼肌卫星细胞原代培养的实验研究. 中国
运动医学杂志，2007（03）：318-322.

[45] 杨凤铎，李明，董春柳. 无血清培养基概述及应用前景. 科技视界，2012
（36）：48.

[46] 曾卫东，董青. 动物细胞培养中微生物污染的检测. 浙江畜牧兽医，2003，
2：12.

[47] 占今舜，邢月腾，张彬. 细胞培养技术的应用研究进展. 饲料博览，2013，1：
8-11.

[48] 张浩. 牛血清在细胞培养中的作用与质量要求. 科技情报开发与经济，2001，
11（3）：46-47.

[49] 张宏，刘玉琴. 培养基的正确制备及使用. 基础医学与临床，2009，29（4）：
446-448.

[50] 张丽娇，马莹聪，岳丽敏，等. 不同血清浓度对小鼠肺细胞原代培养的影响.
黑龙江畜牧兽医，2016（21）：208-209.

[51] 张怡，赵连三，汪成孝，等. 小鼠胚胎成纤维细胞的分离与培养. 四川大学学
报（医学版），2003，34（2）：344-346.

[52] 赵俊，王兴满，胡勇，等. 动物细胞培养物中支原体污染的检测. 安徽农业科
学，2010，38（3）：1151-1153.

[53] 赵倩明，左晓昕，詹康，等. 奶牛小肠上皮细胞的原代培养和鉴定. 中国农业
大学学报，2017，22（06）：84-90.

[54] 赵燕，管武太. 大鼠骨骼肌卫星细胞体外原代培养的试验研究. 山西农业大学
学报（自然科学版），2007（03）：312-314.

[55] 周丹英，曾卫东. 动物细胞培养实验室的构建. 浙江畜牧兽医，2002（04）：
13-14.

[56] 朱国坡，周晓丽，郭延锋，等. 鸡胚成纤维细胞原代培养及应用. 动物医学进
展，2010，31（03）：112-114.

[57] 朱庆虎，秦红丽，陈弘，等. 动物细胞大规模培养技术. 畜牧兽医科技信息，
2010，9：8-10.